石化建筑性能化防火设计方法

张宏涛　白玉星　著

中国建材工业出版社

图书在版编目（CIP）数据

石化建筑性能化防火设计方法/ 张宏涛，白玉星著
. --北京：中国建材工业出版社，2018.3
ISBN 978-7-5160-2144-6

Ⅰ.①石… Ⅱ.①张… ②白… Ⅲ.①石油化工—防火系统—建筑设计 Ⅳ.①TU276

中国版本图书馆 CIP 数据核字（2018）第 007073 号

内 容 简 介

本书通过具体工程实例建立石化火灾性能化计算和设计方法，解决石化建筑和装置结构的性能化防火设计问题，从整体上使防火设计达到国际化水平，解决"处方法"设计中的设防过度或设防不足的问题，节省工程投资，使设计达到科学合理、安全可靠等目的。

本书具体分析了三个工程实例，分别是石化仓库、石化仓库扩建和压缩机厂房的火灾性能化设计要求，根据可信最不利原则进行了火灾场景设计，利用 FDS 数值模拟软件，根据火灾安全要求对防火分区、防火间距和消防排烟系统进行了分析，提出了满足火灾消防安全要求的设计条件和基本方法。

石化建筑性能化防火设计方法

张宏涛 白玉星 著

出版发行：中国建材工业出版社
地 址：北京市海淀区三里河路 1 号
邮 编：100044
经 销：全国各地新华书店
印 刷：北京鑫正大印刷有限公司
开 本：710mm×1000mm 1/16
印 张：10.25
字 数：200 千字
版 次：2018 年 3 月第 1 版
印 次：2018 年 3 月第 1 次
定 价：**48.00 元**

本社网址：www.jccbs.com 微信公众号：zgjcgycbs
本书如出现印装质量问题，由我社市场营销部负责调换。联系电话：(010) 88386906

前　言

据相关统计，石油化工企业火灾约占城市重特大火灾的 25%。石化产品的生产是以石油和天然气为主原料，大量易燃、易爆液体通过管道在钢结构管廊和设备框架中传递，其产品则通常储存在大空间的钢结构仓库中。石化建筑空间内部发生的火灾多为烃类火灾，烃类火灾与建筑火灾的主要区别是升温曲线不同，建筑火灾 30min 火焰温度达到 700～800℃，而烃类火灾升温速度快，10min 内温度即可达到 1000℃。在我国现行《建筑设计防火规范》和《石油化工企业防火规范》中，石化建筑防火设计的火灾报警系统、火灾灭火系统和屋面钢结构涂料保护系统等存在一些缺陷，比如不能考虑实际火灾场景和规模，不能考虑火灾燃烧和蔓延的影响等。这些缺陷导致在以往的防火设计中，或因设防不足造成不安全，或因过度设防造成浪费。

性能化防火设计是建立在消防安全工程学基础上的一种新的防火设计理念，是一种以建筑物在火灾中的性能为基础的防火设计方法。其基本思想是在确保建（构）筑物使用和观赏功能的前提下，针对建（构）筑物的消防安全目标，通过工程分析和计算来确定最优化的消防安全设计方案。

本书通过具体工程实例建立石化火灾性能化计算和设计方法，解决石化建筑和装置结构的性能化防火设计问题，从整体上使防火设计达到国际化水平，解决"处方法"设计中的设防过度或设防不足的问题，节省工程投资，使设计达到科学合理、安全可靠等目的。

本书具体分析了三个工程实例，分别是石化仓库、石化仓库扩建和压缩机厂房的火灾性能化设计要求，根据可信最不利原则进行了火灾场景设计，利用 FDS 数值模拟软件，根据火灾安全要求对防火分区、防火间距和消防排烟系统进行了分析，提出了满足火灾消防安全要求的设计条件和基本方法。

全书由张宏涛和白玉星编写，其中张宏涛编写第 1、4、5 章，白玉星编写第 2、3 章，课题组的杨彦海、韩宁杰和鹿小燕等研究生参与完成了数值模拟工作。感谢北方工业大学出版基金对本书的资助，使得出版工作顺利完成。

著者

目　录

第1章 绪 论

石化建筑空间内部发生火灾不同于其他性质火灾，多为烃类火灾，烃类火灾具有形式多样、火灾损失大、爆炸危险性严重以及影响大、消防力量耗费多、灭火难度大等特点。具体如下：

(1) 大面积流淌性火灾多

石油化工生产涉及许多可燃液体，而液体具有良好的流动特性，当其存放设备遭受严重损坏时，其中的液体便会急速涌泄而出，如伴随火源就会造成大面积的流淌状火场局面。大面积流淌性火灾易发生在存储油品的罐区或桶装油品库房，处理大量可燃液体的生产装置区也时有发生火灾的案例。例如，1997年6月，北京东方化工厂储罐区因乙烯装置泄漏引发火灾爆炸事故，10万 m² 的罐区成为废墟，经济损失上亿元。

(2) 爆炸性火灾多

火灾中产生爆炸或爆炸引起火灾是烃类火灾的显著特点。这是因为，生产中所采用的原料、生产的中间产物及最终产品，多数具有易燃、易爆的特性；生产中所采用的设备以压力容器为多，且多为密闭或较为密闭的封装形式，如果因为操作等原因使设备内发生了超温、超压或异常反应，就会使设备发生爆炸；加之石油化工企业都是连续性的生产工艺过程，连续性操作，工艺流程中的各个设备相互串通，一旦某一设备发生爆炸，极易快速地波及相邻设备而导致系统性的连锁式爆炸。如1989年8月12日，青岛市港务局黄岛油库发生火灾，起火的5号油罐发生爆炸燃烧，其后，4号、3号、2号和1号油罐依次发生爆炸，5号罐还连续发生了3次沸溢和喷溅现象，大火燃烧了5天4夜才被扑灭。造成了惨重的经济损失，仅消防队员就有八十多人伤亡，12辆消防车被毁，而且火灾中泄漏出的原油污染了周围大片海域。

(3) 火势发展速度快

石油化工企业的生产车间和库房是可燃物极为集中的场所，一旦着火，其燃烧强度大、火场温度高、辐射热强，加之可燃气体的快速扩散性和液体的流

1

动性、建筑的互通性等条件因素的影响，其火势蔓延速度都较快。据实验数据表明，烃类火灾的燃烧速度较普通建筑物火灾的燃烧速度快 1 倍以上。比如，汽油火灾可达 80.9kg/（$m^2 \cdot h$），苯可达 165.4kg/（$m^2 \cdot h$）。燃烧区的温度一般要高于 500℃以上，其火焰及热量传递不仅会使着火设备升温快，还会加热相邻设备及可燃物，造成爆炸和引燃危险，而使火势蔓延速度更为加快。2001 年 9 月 1 日，辽宁省沈阳市大龙洋石油有限公司储油罐区发生火灾，首先是于洪油库办公楼车库方向发生爆炸并有火球窜出，随后整个库区地面火光四起，紧接着于洪油库的 1 号至 8 号储罐连续发生爆炸，燃烧和爆炸速度之快，防不胜防。

（4）立体性火灾多

由于石油化工生产设备具有密集布置的立体性、建筑孔洞多且相互串通性，一旦发生火灾，易使火灾造成立体燃烧。在气体火灾中，密度大于空气的气体是自上而下扩散，遇到火源也会形成立体燃烧；易燃、易爆液体受高温或热辐射的影响，挥发出的蒸汽可能会随风自下而上飘流、扩散，遇火源发生流淌或溅落火灾，也易形成立体燃烧现象。在 1989 年青岛市港务局黄岛油库火灾中，周围 25 万 m^2 范围内一片火海。

（5）火灾损失大、影响大

烃类火灾造成的损失较公共或民用建筑的火灾损失要大，根据火灾统计资料概算的结果指出，每次火灾的平均经济损失较其他生产企业要高 5 倍左右，而且经常出现单次火灾损失高达数百万元的火灾，全国范围内在扑救石油化工火灾中受伤的消防员平均每年达到一百多人。此外，有毒物质的泄漏扩散和易燃、易爆物喷溅流淌，形成立体、大面积或多火点燃，扩大且加重了灾害的范围与程度。同时，烃类火灾事故危害范围广、时间长，极易造成人民群众的不满情绪，致使人心不稳，影响社会的安定。

（6）灭火难度大，消防力量耗费多

石油化工企业的火灾特点、火场形式等决定了其火灾扑救难度和消防力量的消耗不同于一般火灾。烃类火灾在初期不易控制，多以大火场的形式出现，或大面积火灾、立体火灾、多点火灾等。火势发展迅速猛烈，爆炸危险极大，燃烧物质和产物多有毒副作用，扑救火灾耗费的人力物力都很多，且扑救的技术要求也远非一般火灾所能比。

（7）易出现复燃易爆

在烃类火灾中，气体类或油类火扑灭后，若未及时进行适当的处置，残余的仍会再次燃烧或爆炸，这一点在扑救火灾中必须引起我们的高度注意。

部分石化企业火灾实例如图 1-1 所示。

(a)吉林石化公司双苯厂爆炸　　　　　　(b)茂名石化乙烯裂解装置火灾

(c)大庆石化总厂化工一厂一车间爆炸　　　　(d)兰州石化火灾

图 1-1　石化企业火灾

■ **1.1　火灾危险性分类**

烃类火升温速度比纤维素火（普通火灾）升温快、温度高、时间短，经过 10min，烃类火约为纤维素火升温速度的 1.48～1.52 倍，经过 90min，烃类火约为纤维素火升温速度的 1.17～1.22 倍（图 1-2）。

根据《石油化工企业防火设计规范》（GB 50160—2015）第 3 条及《建筑设计防火规范》第 3.1.3 条规定，储存物品的火灾危险性应根据储存物品的性质和储存物品中可燃物的数量等因素，分为甲、乙、丙、丁、戊类，并应符合表 1-1 的规定。

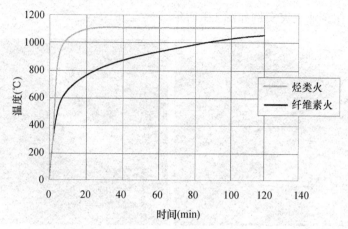

图 1-2　火灾的时间—温度关系曲线示意图

表 1-1　储存物品的火灾危险性分类

仓库类别	储存物品的火灾危险性特征
甲	1. 闪点小于 28℃ 的液体； 2. 爆炸下限小于 10% 的气体，以及受到水或空气中水蒸气的作用，能产生爆炸下限小于 10% 气体的固体物质； 3. 常温下能自行分解或在空气中氧化能导致迅速自燃或爆炸的物质； 4. 常温下受到水或空气中水蒸气的作用，能产生可燃气体并引起燃烧或爆炸的物质； 5. 遇酸、受热、撞击、摩擦以及遇有机物或硫磺等易燃的无机物，极易引起燃烧或爆炸的强氧化剂； 6. 受撞击、摩擦或与氧化剂、有机物接触时能引起燃烧或爆炸的物质
乙	1. 闪点大于等于 28℃，但小于 60℃ 的液体； 2. 爆炸下限大于等于 10% 的气体； 3. 不属于甲类的氧化剂； 4. 不属于甲类的化学易燃危险固体； 5. 助燃气体； 6. 常温下与空气接触能缓慢氧化，积热不散引起自燃的物品
丙	1. 闪点大于等于 60℃ 的液体； 2. 可燃固体
丁	难燃烧物品
戊	不燃烧物品

■ 1.2　防火分区概述

1.2.1　概念

在建筑内部，通过设置耐火楼板、防火墙及其他防火分隔设施分隔而成的密闭空间即为防火分区，它能在一定时间内有效防止火灾向建筑其余部分蔓延，它是一种事后控制，在发生火灾时可以有效地限制火灾只发生在一定的区域，从而减少人员伤亡及财产损失。

按照其防止火灾蔓延的功能，防火分区可分为两类，即竖向防火分区和水平防火分区。竖向防火分区用以防止建筑物层与层之间在竖向发生火灾蔓延，而水平防火分区则用以防止火灾在水平方向扩大蔓延。当防火分区的面积超过该类建筑性质规范所允许的最大建筑面积时，应设置合理的防火分隔[1]。

1.2.2 划分原则

合理的划分防火分区需要按照一定的原则[1]：

（1）法律原则，即划分防火分区必须符合规范规定。

（2）特殊性原则，即具体问题具体分析，当建筑物内特殊场所或有特殊防火要求的部位，在防火分区之间应设置更小的防火区域或设置特殊的防火分隔。

（3）经济性原则，当建筑中设有自动喷水灭火系统时，防火分区面积可适当加大，并结合安全疏散情况综合考虑最终确定防火分区面积。

（4）功能和安全一致性原则，划分防火分区还必须结合建筑物平面形状、使用功能及人员疏散要求等情况，正确选择防火分隔物类型，合理设定防火分区。

1.2.3 防火分区的规范规定

《建筑设计防火规范》按仓库的储物性质将建筑物进行分类，根据火灾危险性类别、建筑耐火等级和楼层情况等确定防火分区的占地面积和防火墙间的最大允许面积。根据《建筑设计防火规范》第3.3.2条规定，依据仓库的层数、耐火等级和面积而确定的防火分区最大建筑面积；依据规范第3.3.3条，当仓库中设置自动灭火系统时，每个防火分区最大允许面积可在规范基础上增加一倍。聚乙烯等高分子制品仓库，当建筑的耐火等级不低于二级时，则防火分区最大的允许建筑面积可在规范基础上增加一倍。

以上为《建筑设计防火规范》对于防火分区的规定，据规范1.0.3条，当石油化工企业的建筑防火设计有专门的国家现行标准时，宜从其规定。

■ 1.3 性能化防火设计研究现状

随着我国经济的快速发展，建筑业得到了空前的发展，各种复杂的、多功能的大型建筑迅速增多，新工艺、新材料、新技术和新的建筑结构形式不断涌现，现行的消防技术规范已经不能涵盖建筑的所有消防安全要求，也不能适应社会经济快速发展的要求。基于这种情况，需要寻求一种新的、承认建筑具有个性化的理念，又能基本保障建筑物中人的生命安全和财产安全的规范，这样就产生了基于性能化的防火设计。

性能化防火设计是建立在消防安全工程学基础上的一种新的防火设计理念，是一种以建筑物在火灾中的性能为基础的防火设计方法。其基本思想是在确保建（构）筑物使用和观赏功能的前提下，针对建（构）筑物的消防安全目标，运用工程分析和计算的手段来确定最优化的消防安全设计方案的防火设计方法。它可由设计者根据建筑的不同功能条件、空间条件及其他外部条件，自由选择和确定各种防火措施，并将其有机组合，最终形成满足消防安全目标要求的总体防火安全设计方案，为建（构）筑物提供最科学合理的消防安全保护。与传统的处方式设计方法相比，它所关注的是具体安全目标的实现，而不是拘泥于满足规范的最低要求。

20世纪80年代，英国火灾科学研究人员首先在理论上提出了"以性能为基础的消防安全设计方法"（Performance-based fire safety design method，简称"性能化防火设计"）的概念。之后，世界上多个国家在研究火灾科学领域取得了较大的进展，且得到了大量的丰硕成果。目前，全世界有多于13个发达国家（如英国、澳大利亚、加拿大、法国、日本、芬兰、荷兰、新西兰、波兰、挪威、西班牙、瑞典和美国等）和2个国际组织——国际标准组织（ISO）和国际建筑研究与文献委员会（CIB），先后投入了大量的研究经费，积极开展消防性能化设计技术和方法的研究。而且发展中国家如埃及、南非、巴西等也都纷纷开展了这方面的研究工作。世界各国都在积极推行性能化设计方法的应用，并且取得了巨大成就。国内外性能化防水设计研究现状见表1-2。

表1-2 国内外性能化防火设计研究现状

国家	时间	规范	内容简介
英国	1985年	第一部性能化防火规范	凡设计的建筑在各项性能上均能达到规范的要求，就可自行确定各项设计指标和采用的方法
	1997年	正式推出标准草案（BS DD240）	包括"建筑中的消防安全工程学"，详细说明了运用消防安全工程学原理进行性能化的建筑防火设计方法；并且引入了风险分析方法
新西兰	1992年	第一步建筑安全法规（NCBC，New Zealand Building Code）	为建筑设施规定了明确的目标、功能要求、具体性能要求
	1993—1998年	—	制定了性能化建筑消防安全框架，其中主要功能要求包括防止火灾的发生、措施和通道要求、安全疏散以及火灾相互蔓延五部分

国家	时 间	规 范	内 容 简 介
澳大利亚	1996 年 10 月	澳大利亚建筑设计规范（Building code of Australia，简称"BCA"）	性能分级如下： 目标 → 功能描述 → 性能要求 → 建筑解决方案 → 满足传统法规 / 多种解决方案
巴西	1999 年	南美首次制定的建筑标准，"对建筑结构耐火极限的要求"和"钢结构防火设计"	引入了风险评估方法、时间计算方法以及其他消防安全工程设计方法等性能化的新概念，允许建筑物的火灾安全根据其建筑物高度、火灾荷载、建筑总面积以及灭火设备的安装与否等条件确定，而对建筑物的耐火等级不作要求
日本	1982 年	—	五年计划，开发"建筑物综合消防安全设计体系"
	1990 年	—	启动"建筑构件耐火性能评估方法的开发"
	1993 年	—	五年计划，制定了性能化建筑消防安全框架
	1996 年	修改"建筑基准法"	引入了一些有关性能化设计的内容
	2000 年	发布实施该规范	建筑物结构耐火性能和人员安全逃生等内容
瑞典	20 世纪 90 年代初	修订规范	性能规范文本包括性能要求和设计指南，建筑防火和人员安全均满足所规定的边界条件
美国	1999 年 8 月	美国防火性能化设计规范的草案	规范的条款如下：管理部分、性能设计水准、明确的目的要求、结构与组成
中国	2006	建筑钢结构防火技术规范	第 3.0.10 条："对于多功能、大跨度、大空间的建筑，可采用有科学依据的性能化设计方法，模拟实际火灾升温，分析结果的抗火性能，采取合理、有效的防火保护措施，保证结构的抗火安全"

■ 1.4 本书内容

本书从性能化设计基本内容和步骤出发，通过三个具体石化建筑工程防火设计实例，从火灾场景设计出发，根据火灾安全要求对防火分区、防火间距和消防排烟系统进行了设计分析，提出了满足火灾消防安全要求的设计条件和基本方法，为相关类似工程问题提供了借鉴。

第 2 章　性能化防火设计

■ 2.1　性能化防火设计的概念

火灾科学在最近得到了突飞猛进的发展，现在已到了应用现代科学技术进入定量分析的阶段。近期发展起来的火灾安全学为性能化防火设计及性能化规范的建立，奠定了坚实的理论基础。性能化防火设计方法与现行的消防设计方法存在着很大的不同。现行的消防设计主要应用条文式的设计方法，即工程师根据规范规定的条文做出符合规范规定的消防设计方案，这些条文是硬性规定必须满足的，是不能违反的。性能化防火设计方法是当前建筑防火领域先进的方法，是人们关注的前沿，是比较活跃的研究领域。

建筑防火设计的最终安全目标应该是：①防止起火及火势扩大，阻碍火势蔓延；②保证人员的安全疏散，确保建筑物内人员生命安全；③保护建筑结构不致因火灾而损坏从而波及邻近建筑；④提供必要的消防设施。因此，建筑物防火安全设计必须对建筑总体规划、防火分区、结构的耐火性能、防火设备、内部装修、防排烟系统以及避难对策等方面做出综合的考虑。现行的条文式的防火设计方法对上面提到的问题都有相对独立、完整的考虑。但这种方法存在的最大缺点是没有设定清晰、统一的安全标准，不能体现出各消防系统间的协同功效，从而导致综合经济性较低。因此，这种条文式的设计方法常常无法满足业主、设计人员、审查部门的要求。尤其对于一些特殊的建筑，这种设计方法适用性更差。

性能化设计与条文式设计相比，具有以下优越性[4]：

（1）性能化设计方法体现了不同建筑的不同用途及需要。

（2）性能化设计根据实际工程的需要，为消防设计提供了不同的可供选择的方案（当规范规定与实际情况产生矛盾时）。

（3）性能化设计要求在设计过程中使用多种设计方法以及多种分析工具，从而有利于提高工程精度，并可产生更加符合要求的、新颖的设计方案。

（4）性能化设计可在安全性能方面与原先的设计方案进行比较。通过这种相互对比，可以确定安全目标要求与成本之间的最佳结合点。

（5）性能化设计体现了一种新的消防设计理念，即将消防系统看作是一个整体来考虑的，而不是孤立地进行各项指标的设计。

性能化设计的关健在于如何规定某一建筑物所必需的消防性能指标。要针对建筑物火灾发生时各方面的危险性制定确定的功能目标，例如在阻燃、人员疏散安全、烟气的排放、防止火焰传播、确保建筑物结构安全以及确保防火分区功能等方面。为了确保人员的安全，必须设立避难区和疏散通道，从而使建筑物内的人员不受热辐射及有毒气体的伤害；对于火灾传播的抑制，必须做到限制其传播速度并保证其周围空间不被引燃；对于防火分区的控制，必须做到将火灾控制在一定的范围之内，确保其邻近建筑不被引燃。这些针对消防安全的功能目标涵盖了很多方面的内容，其中包括火源形式、后续的火焰和烟气的传播以及人员的安全疏散等各个方面。性能化设计的核心就是针对上述的功能目标来确定所需的边界条件。在工程的消防设计中，其消防性能指标是很多的，不可能做到一一满足，因此只需满足与自身建筑有关的那部分防火性能指标即可，而消防指标的选取也会对评估结果产生重要的影响。

■ 2.2　性能化设计的基本内容

性能化设计和性能化规范是两个不同的概念。一般来说，规范规定的是建筑物内的安全程度、健康程度和舒适程度。在设计的过程中，规范一般都会制定或规定建筑设计过程中的各个方面的具体要求，如结构要求、防火要求、电气系统、消防系统等。

在性能化规范中，这些对建筑物内的安全程度、健康程度和舒适程度的要求都要通过整体编制的总体目标、功能目标和性能要求来体现。一般情况下，规范不会明确规定解决某个问题的具体方案，而是给出了可以达到规范要求的可以接受的方法。在所有使用性能化规范的情况下，设计者都可以找到以性能为基础替代的设计方法，如果选用了这种替代方法，那么其设计就是性能化设计。从根本上来说，性能化设计就是描述一个能达到某种规定性能水平的设计过程。基本包括：

（1）确定火和火流在工程中蔓延和传播的基本信息。包括：火势在房间中蔓延的计算；建筑物和类似工程中火流运动的评价；火源所在房间的建筑物内外，火势扩展的估计。

（2）对作用进行评估。包括：对人和所建工程的热辐射和火流辐射；对建筑结构或工程的力学作用。

（3）对暴露在火灾中的建筑产品、构件的性能进行估计。包括：火灾发生时，产品和构件的可燃性、火焰扩展速度、热释放率以及产生的烟雾和毒气的数量和种类等；由于承载力、不同分隔以及不同的移动物品，火对结构抗力的影响等。

（4）对探测、行动、灭火进行评估。包括：探测系统的效率；控制系统、灭火系统的反应时间；消防队、使用者的行动时间；探测系统探测时间的估计；灭火系统和其他消防设施的相互作用。

（5）对疏散和营救规定的评估和设计。目前已开发出疏散模拟软件，但只是针对防火工程的某个方面开发，通用的、综合的模拟软件尚需大量的研究。

■ 2.3 性能化防火设计的基本步骤

性能化防火设计过程可分为若干个步骤，各个步骤之间相互联系，并且各个步骤最终将会形成一个完整的整体。美国防火工程学会（SFPE）《建筑物性能式防火分析与设计工程指南》将性能防火设计分为九步，而在有些文献中则将这一过程分为七步。总体来说，无论是划分为七步还是划分为九步，其基本内容都是一样的。本文将其分为七步，叙述如下[10]：

1. 确定工程参数及具体评估内容

性能化防火设计的第一步就是要确定工程的具体范围及相关的工程参数。

这一步要做的工作是了解工程各方面的具体信息，包括建筑特征、使用功能等。对于大跨度、大空间结构，人员密集的场所如商场、礼堂、运动场等须进行特别的关注。

要对建筑的不同使用功能的分区进行讨论，如贵重文物区、要求比较特殊作业区、危险品存放区等。

不同建筑的使用功能不同，那么使用者的特征也会不同，使用者的特征包括：使用者的年龄、智力水平、体能状态等。

2. 确定消防安全总体目标、功能目标和性能要求

（1）总体目标。对工程的具体参数及评估内容掌握以后应该确定消防安全总体目标。

在建筑消防安全设计中，总体目标是一个广义的概念，总体目标表示社会大众对安全水平的期望值。用该属性的语言进行描述的话，那就是保护建筑内人员生命和财产的安全，并保证相邻建筑的安全。也就是说，消防安全的总体目标应该达到保护生命、保护财产、保护环境、保护使用功能的目的。

（2）功能目标。功能目标是用工程的语言来把总体目标进行量化，它是消防安全设计总目标的基础。

概况来说，功能目标表述了如何设计建筑物才能满足上面提到的消防安全总体目标。功能目标可以通过量化的术语来表述。一旦功能目标或损失目标确定，就必须有一个确定的建筑以及各种配套系统发挥性能水平作用的方法，而这项工作是要通过性能要求来完成的。

（3）性能要求。性能水平的具体描述就是性能要求。为了达到消防安全总体目标和功能目标，所有的建筑材料、建筑构件以及配套系统、组件和建筑的方法都必须满足性能水平的要求。对所有参数不仅要进行量化，还要对其进行计算和计量。例如要求："必须将火灾的蔓延限制在起火房间内，及时通知建筑物的使用者，保证疏散通道处于安全可用状态直到使用者安全疏散"。这些要求中的每一项都能涉及建筑及其配套系统如何工作才能满足总体目标和功能目标，要对每一项要求进行计算。性能判定标准包括材料温度、能见度、气体温度以及热辐照量等的临界值。

3. 制定设计目标

设计目标是为了满足上面提到的性能要求而采用的具体的手段和方法。这里有两种方法来满足性能要求，在运用这两种方法时可以联合使用，也可以独立使用。

（1）视为合格的规定。这包括建筑材料、构件、设计方法等，如果采用了，则认为其结果满足性能要求。

（2）替代方案。如果能证明某设计方案能够达到相关的性能要求，或者与视为合格的规定等效，那么对于与上述（1）款中"视为合格的规定"不同的设计方案，仍可以被批准为合格。

这种方法为使用性能化设计提供了更多的可能性，对于多种可行的设计方案可以完全展示出来。

4. 确定火灾场景

火灾场景是对特定火灾从引燃或者从设定的燃烧到火灾增长至最高峰以及火灾所造成的破坏的描述。这是性能化防火设计中很重要的一步。建立火灾场景时应同时考虑概率因素和确定性因素。也就是说，发生假定火灾的可能性有多大，如果真的发生了，那么火灾的发展和蔓延情况又是怎样的。一个火灾场景的建立需要考虑的因素有很多，其中包括：建筑的平面布局，火灾可能发生的位置，火灾荷载的大小及分布状态，室内人员的分布，火灾发生时的环境因素等。

5. 建立设计火灾

设计火灾就是对设定的火灾场景进行工程描述。这些描述所用到的参数包括：热释放速率、火灾的总功率、火灾增长速率、物质分解率、燃烧产物等或其他的与火灾有关的参数。

国内外常用的设计火灾特征的方法是火灾增长曲线。热释放速率随时间变化的典型的火灾增长曲线，一般具有四个时期：火灾增长期、最高热释放速率期、稳定燃烧期和衰减期。基本上所有的火灾场景设置都应该具有这样的设计火灾曲线。

6. 提出和评估设计方案

在这一步中，按照规范，对所有提出的消防安全设计方案进行评估，从而确定最佳的设计方案。

评估过程是一个反复进行的过程。在这个过程中，依据设计火灾曲线和设计目标对消防安全设施进行评估。评估过程包括感烟探测器或自动喷淋装置的设置、对风特征的修改、建筑材料的变更、内部的装修和建筑内部的摆设等。在对不同的方案进行评估的时候，要清楚地了解该方案是否能够达到设计目标。评估时经常用到的工具是 Q'_{do} 和 Q'_{crit} 概念。

设计目标的实质是指性能指标（比如起火房间内发生轰燃现象）可以容忍的最大火灾状况。这个性能指标可以用最大热释放速率 Q'_{do} 来描述。在实际的工程中每个设计目标都会有一个 Q'_{do} 值。同样道理，每个设计目标也都会有一个临界点，这个临界点用 Q'_{crit} 表示。比如，为了达到防止轰燃发生的设计目标，方法之一是使用自动喷水灭火系统。为了保证达到性能指标，在房间到达轰燃阶段之前自动喷水灭火系统必须能够启动并且能够控制火灾的增长。这种情况下，轰燃点就是 Q'_{do}，而要求喷淋启动的点就是 Q'_{crit}。

7. 编制报告和说明

分析和设计报告也是性能化设计中重要一步，其直接关系到性能化设计能否被批准。报告要包括概括分析和设计过程的全部步骤，并且报告的格式也要符合一定的要求。报告要包括以下内容：

（1）分析或设计目标。

（2）工程的基本信息。

（3）设计方法（基本原理）陈述。

（4）性能评估指标。

（5）火灾场景的选据和设计火灾。

（6）消防安全管理。

（7）参考的资料、数据。

（8）设计方案的描述。

从总体看，性能化设计是建筑防火设计的一个发展方向，但就目前的情况来看，也存在一定的问题和缺点。首先，社会各界对性能化防火设计的接受程度有很大的差别；其次，与采用条文式规范的设计方法相比，性能化分析和设计过程需要花费的时间可能会多一些。因为增加了工程设计的人力投入，这似乎会增大工程防火设计的成本。

2.4　性能化防火设计分析的要点

2.4.1　火灾场景设置

火灾场景是对火灾发展全过程的一种语言描述，描述了从材料的引燃（或者从设定的燃烧）到火势增大，到轰燃阶段再到最后逐渐熄灭等火灾阶段。

建立火灾场景应该考虑很多因素，其中包括[30]：

（1）火灾前的情况。指建筑物通常的状况，如建筑物结构的特点、建筑材料种类的选用、建筑物起火前的使用情况、建筑内部分隔情况和建筑内部几何形状。

（2）点火源。指导致火灾的火源及建筑物内可燃物状况，包括点火源的温度、面积、能量以及点火源对可燃物的暴露时间和接触面积。

（3）初始可燃物。指接触或靠近点火源的可燃物，包括可燃物的数量、可燃物的分布状态，可燃物的表面积与质量比、可燃物的堆放方式、可燃物的热解产物或燃烧产物的种类。

（4）可被引燃的可燃物。也可称为二次可燃物，包括二次可燃物的分布状态，与初始可燃物的接近程度，二次可燃物的数量、分布、表面积与质量比等。

（5）蔓延的可能性。指火势扩展超出最初起火区域的状况，包括点火源的位置及大小、建筑物的通风空调系统分布、防火隔断的分布、自然通风条件等因素。

13

（6）目标物体的位置。目标物体指建筑物内存放或安装的需要重点保护的物体，如贵重仪器、设备、重要文件等。

（7）室内人员的状态。包括室内人员的年龄、行动能力、睡觉与否、是否能自己做出正确决定（成年人还是儿童）、是否具备足够行动能力等因素。

（8）统计数据。包括该建筑或与其类型相同建筑的火灾历史统计数据，以及现有的使用者类型的统计数据。

在火灾场景设计中，设计火灾是用专业的语言对某一特定火灾场景进行描述，这些专业的语言包括一些参数，如热释放速率、火灾增长速率、物质分解物、物质分解率等，通过这些描述，可以表现出火灾的基本特征。

热释放速率是单位时间内可燃物燃烧释放出来的热量，是影响火灾发展的基本参数。热释放速率的大小反映了火灾热释放强度随时间的变化，决定了整个燃烧过程的其他参数，如温度的高低、烟气的产量等。

2.4.2　火灾增长模型

目前，国内外通常用稳态和非稳态两类模型来描述火灾的增长，其中非稳态模型以 t^2 火模型为代表。而稳态模型则是把整个火灾过程的热释放速率视为一个恒定的值，这种模型是一个理想化的模型，是对整个火灾过程的理想化处理。

实际的燃烧过程包括一个初期缓慢增长的孕育期和一个显著增长期，是一个渐进的发展过程。火灾中热释放速率随时间的变化可以采用 t^2 火模型来描述。

t^2 模型中热释放速率与时间的关系如式（2-1）[10]：

$$Q = \alpha t^2 \tag{2-1}$$

式中　Q——火源热释放速率，kW；

　　　a——火灾增长系数，kW/s²；

　　　t——火灾发展时间，s。

不同的燃烧物，其火灾增长系数 a 也不相同。按增长速度的快慢可将 $t^2_{火}$ 分为慢速、中速、快速、超快速 4 种类型，4 种火的火灾增长系数见表 2-1，在实际应用中可根据燃烧物的不同选取不同的火灾增长系数。

表 2-1　4 种 $t^2_{火}$ [10]

增长类型	火灾增长系数（kW/s）	达到 1MW 的时间（s）	典型的可燃材料
超快速	0.1876	75	油池水、易燃的装饰家具、轻的窗帘
快速	0.0469	150	装满东西的邮袋、塑料泡沫、木架
中速	0.01172	300	棉与聚酯纤维弹簧床垫、木制办公桌
慢速	0.00293	600	厚重的木制品

稳态火模型通常考虑最不利的情况，即按建筑中可能出现的最大热释放速率来确定设计参数，这种最不利的情况表示建筑中可能发生的最严重的火灾情况。

火灾增长到一定的阶段以后其热释放速率将达到最大值，达到最大值后将会出现一个稳定的燃烧阶段。最大热释放速率是描述火灾特征的一个重要参数，根据火灾发生的场所我们可以大致确定火灾的最大热释放速率。我国上海市地方标准《民用防排烟技术规程》对一些常见地方的火灾的最大热释放速率做出了一些规定，见表2-2。

表 2-2　稳态火模型[20]

典型火灾场所	最大热释放速率 Q（MW）	典型火灾场所	最大热释放速率 Q（MW）
设有喷淋的商场	5	无喷淋的办公室、客房	6
设有喷淋的办公室、客房	1.5	无喷淋的公共场所	8
设有喷淋的公共场所	2.5	无喷淋的超市、仓库	20
设有喷淋的超市、仓库	4		

2.4.3　烟气的蔓延与控制

建筑物发生火灾时，必然会产生大量的烟雾及有毒气体。建筑物火灾案例表明，烟雾和有害气体对人员的伤害程度，比火更为严重。因此，设计有效的烟控系统已成为建筑物火灾防治的重要目标。一个完整的建筑物防排烟系统，应该包含静态式防火与动态式烟控。建筑物设计之初就应该考虑这个问题。动态式烟控系统强调引导或阻挡作用，即在火灾发生后，对烟气的流动进行合理引导或阻挡，从而控制其蔓延速度，延长人员的逃生时间，增加其逃生的机会。

在进行防排烟系统设计时，第一步是确定需设置防排烟系统的部位，然后根据防火分区以及防烟分区的划分来选定最合适、最有效的防排烟系统的方式。目前，国内外工程中最常用的防排烟系统的方式有三种：加压送风方式、自然排烟方式和机械排烟方式[27]。

（1）加压送风方式

利用加压送风机对被保护区域（如防烟楼梯间和前室等）送风，使其保持一定的正压，以避免着火处的烟气借助各种动力（诸如烟囱效应、膨胀力等）向建筑物的被保护区域蔓延。

（2）自然排烟方式

自然排烟是借助室内外气体温度差引起的热压作用和室外风力所造成的风

压作用而形成的室内烟气和室外空气的对流运动。

（3）机械排烟方式

由于自然排烟受到诸多因素影响，采用机械排烟方式可消除这些影响，以收到有效排烟的效果。机械排烟方式是借助排烟风机的作用对着火处进行强迫送风并同时排气，以用来排出火灾中的烟气。机械排烟多用于大型商场或地下建筑，通过顶部的排烟口或排烟风管将烟气排出室外。

2.4.4　人员的安全疏散

在建筑防火安全设计中，疏散问题是极其重要的问题，它直接关系着发生火灾时人员、物资的安全和迅速转移。所谓安全疏散是指建筑物发生火灾时建筑内的人员通过专门的设施和路线，安全地撤离着火的建筑或撤离到某一特定区域从而避免受到火灾的伤害。所以安全疏散技术要体现几个原则[10]：

（1）最有效的疏散装置。

（2）最安全的临时避难场所。

（3）最简明的疏散路线。

（4）最畅通的安全出口。

性能化设计是以功能性为导向的设计方法。在人员安全疏散问题上，针对建筑物火灾中"人身安全"的目标，用各种可行的技术手段去分析影响人员安全的各种因素，同时综合考虑各种防火及防御措施之间相互影响的关系。

安全疏散的标准是发生火灾时人员及时地撤离发生火灾的建筑物或到达安全的避难场所，避免受到火灾的伤害。也就是说人员的完全疏散所需要的时间必须小于危险情况的来临时间。

火灾是否达到威胁到人身安全的标准主要由以下几个因素确定：火焰辐射热对人员产生灼伤、有毒烟气导致人员中毒、烟尘颗粒导致窒息、建筑结构坍塌等。因此，建筑内的自动报警系统、自动喷淋系统、防排烟系统、应急照明等系统的设计以及是否制定疏散预案等都是影响安全疏散的因素。

火灾中的危险状态是指火灾环境对建筑物内需要疏散的人员造成严重伤害的状态。一般来说，可以用热辐射通量、烟气温度、有毒气体的浓度、能见度等指标来表示危险状态[10]。各项指标的影响及限制见表2-3～表2-7。

表 2-3　空气温度与临界时间的关系

烟气温度（℃）	50	70	130	200～250
极限时间（min）	60 以上	60	15	5

表 2-4 一氧化碳对人体的影响

空气中一氧化碳含量（%）	对人体的影响程度
0.01	数小时对人体影响不大
0.05	1h 内对人体影响不大
0.1	1h 后头痛、不舒服、呕吐
0.5	引起剧烈头晕，经 20～30min 有死亡危险
1.0	呼吸数次失去知觉，经过 12min 即可能死亡

表 2-5 火灾疏散时有毒气体的允许体积分数

毒性气体种类	允许体积分数
氯化氢（HCl）	1×10^{-7}
光气（$COCl_2$）	2.5×10^{-9}
氨（NH_3）	3×10^{-7}
氰化氢（HCN）	2×10^{-8}

表 2-6 人体对辐射热的耐受时间

热辐射强度	<2.5kW	2.5kW	10kW
耐受时间	>5min	30s	4s

表 2-7 火灾中允许的最大烟浓度及最小能见度

参数	小空间	大空间
光密度（OD/m）	0.2	0.08
能见度（m）	5	10

■ 2.5 FDS 及 PYROSIM 简介

2.5.1 FDS 简介

FDS（Fire Dynamics Simulator）[6] 是由美国标准与技术研究所（NIST）开发的一款用于模拟火灾动力学的软件。FDS 软件由 FORTRAN 语言编写而成，该软件基于计算流体动力学（Computational Fluid Dynamics，CFD）模型，通过求解代表物理定律的数学方程（包括连续方程、组分方程、动量方程和能量方程等），来预测流体流动、热传输、质量传输、化学反应、烟气流动和其他相关现象。对于任何一个计算流体动力学模型来说，如何处理湍流是至关重要的问题。FDS 中包含了两种方式来模拟湍流，大涡模拟（Large Eddy Simulation，LES）和直接数值模拟（Direct Numerical Simulation，DNS），用户在使用过程中可以自由选择这两种模拟方式。

FDS 的输入数据包括：模拟空间大小及划分网格、燃烧材料的反应（化学组成）、材料的性质、燃烧产生的烟气的性质、是否考虑喷淋设施、模型的空间组成、所要采集的数据的类型以及采集设备的种类和位置、设计火灾类型以及模拟的时间等。

FDS 在划分网格的时候提供了两种不同的划分方式，一种是三个方向网格尺寸相同的均匀划分方法；另一种是可以在任意两个方向采取不均匀的划分方式。反应类型靠输入不同的原子及个数来控制，FDS 要求输入材料 C（碳）、H（氢）、O（氧）、N（氮）及其他原子个数，同时要输入最低氧气指数、烟气产量及种类等其他参数。

在 FDS 的材料库中储存着一些常用的材料，有松木、混凝土、耐火砖、纤维、泡沫、石膏板、镍、钢铁、乙醇、陶瓷等。如果用户用到这些材料，可以直接调用，从而省去了定义这些材料属性的时间。

FDS 的输出数据除了有未经处理的原始数据外，还可以通过可视化的程序 Smokeview 来观察。而要想从 Smokeview 中获得直观的结果，则要在输入文件中加入不同类型的文件，包括切片、等值面、边界值等。Smokeview 是专门用来显示 FDS 的输出数据的一个可视化的工具，可以用动画的形式来表示计算的结果，可以看作是 FDS 的一个后处理程序。用 Smokeview 可以直观地观测到模拟空间内的烟气的分布、温度场的分布、辐射强度的分布以及能见度的分布。

2.5.2 PYROSIM 简介

PYROSIM[7] 消防动态仿真模拟软件是由 Thunderhead Engineering 公司开发的专门针对 FDS 前后处理的软件，是用直观的图形界面来构建几何模型，使用地板平面图、直角墙以及其他功能强大的工具进行二维和三维交互式几何编辑，并且在模型创建的过程中帮助用户输入 FDS 模拟过程所要用的各种参数。当模型建立完毕之后，在 PYROSIM 的界面上可以直接运行 FDS，实现与 FDS 的无缝对接，并且在转向 FDS 运行的过程中可自动形成 FDS 的输入文件，以供使用者参考。在 PYROSIM 上创建模型可以大大地节省建模时间以及减少一些不必要的错误，从而提高工作效率。

第3章　某乙烯聚合物仓库性能化防火设计

■ 3.1　工程概况

本工程中的乙烯聚合物仓库为单层、大空间厂房，屋盖结构为三个正放四角锥螺栓球节点网架。支撑方式为混凝土柱上弦支承。图 3-1 为该仓库网架结构示意图，其中网架 A 和网架 C 结构尺寸相同，均为 64.8m×86.4m，面积为 5598.72m²，柱顶的支撑点高度为 7.9～10.6m；网架 B 柱顶支承点高度为 9.90～12.06m，64.8m×93.6m，面积为 6065.28m²。

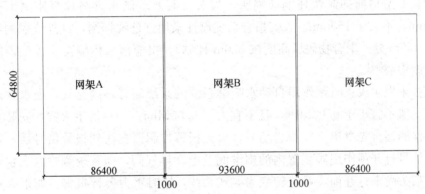

图 3-1　仓库分区示意图（mm）

■ 3.2　仓库消防设计存在的问题

石油化工企业成品存储仓库的存储物品多为高分子聚合物，如聚乙烯、聚丙烯、聚苯乙烯等，都属于烃类化合物。聚合物的主要成分是由 C 和 H 组成的，具

19

有很强的可燃性，因此很容易发生火灾。本文所研究的仓库主要储存物品是袋装颗粒状的聚乙烯（Polyethylene，简称 PE）和聚丙烯（Polypropylene，简称 PP）。

聚合物材料具有密度低、性能优良、成本低等优越的性能，这些优点使聚合物得到广泛应用，使用形式多样化。但是聚合物材料分子量大、含碳量高、本身很容易燃烧，其含有氮、硫等元素，燃烧过程中释放出大量烟雾，其毒性和遮光性等成为火灾中人员伤亡的主要因素，所以对聚合物的防火安全历来受到人们的特别关注，尤其对于大量存放聚合物的仓库，防火安全问题更为突出。合理地划分防火分区能在火灾发生时将火势控制在局部空间内，从而有效地阻止火灾蔓延，为人员疏散和火灾扑救争取更多时间，进而大幅度减少火灾造成的人员伤亡及财产损失。

3.2.1　防火设计

聚合物仓库采用稳高压消防水系统，接点处的水压 $H \geqslant 1.0\text{MPa}$。仓库面积较大，在仓库采用预作用式自动水喷淋系统，共 3 套。由于仓库内部不设置采暖设备，所以需要考虑冬季防冻的问题，在仓库阀室内设 3 套预作用阀。阀室内所需的消防用水均由室外高压消防水系统管网引入，引入管道直径为 200mm。

聚合物仓库顶棚采用钢网架结构，按《自动喷水灭火系统设计规范》要求，采用直立型早期抑制快速响应喷头，喷头安装要求溅水盘与顶板距离不小于 100mm，不大于 150mm。火灾报警系统设计采用红外线探测，红外线探测器安装在 4.5m 处（聚合物码垛高度按 3.0m 控制），报警信号传输至主控室消防报警控制中心[19]。

在未发生火灾时预作用自动水喷淋系统的系统侧管路内充气，配水管道内的气压值不宜小于 0.03MPa，且不宜大于 0.05MPa。一旦发生火灾，安装在库区的探测器首先发出火灾报警信号，火灾报警控制器在接到报警信号后，发出指令信号打开预作用阀装置内的雨淋阀及电动排气阀，向系统侧管网充水，在闭式喷头尚未打开前，系统转变为湿式系统，同时水力警铃报警。如果火灾继续发展，喷头将被烧破喷水灭火。

由于仓库面积过大，其自然通风效果达不到预期目标，因此采用机械排风方式，以此来消除仓库内的热量及有害气体。换气频率为每小时 2 次，设备采用防爆型屋顶通风机，安装在仓库屋面的屋脊上。

3.2.2　存在的问题

1. 防火分区问题

《石油化工企业防火设计规范》第 2.0.3 条规定：同一仓库或仓库的任一防

火分区内储存不同火灾危险性物品时，该仓库或防火分区的火灾危险性应按其中火灾危险性最大的类别确定。第5.9.1条规定：甲、乙、丙类的物品仓库，存储物品应按其化学物理特性分类储存，当物料性质不允许同库储存时，应用实体墙隔开，并各设出入口。

该仓库总的尺寸为268.4m×64.8m，建筑面积17392m^2。由于业主的要求以及日常机械化运输及堆垛的要求，仓库内无法划分防火分区。但是《建筑设计防火规范》第3.3.2条规定：独立建造的硝酸铵仓库、电石仓库、聚乙烯等高分子制品、尿素仓库、配煤仓库、造纸厂的独立成品仓库以及车站、码头、机场内的中转仓库，当建筑的耐火等级不低于二级时，每个防火分区最大允许建筑面积为3000m^2，安装喷淋系统后防火分区面积可增加一倍，同时仓库中防火分区之间必须采用防火墙分隔。由此得出结论：该聚合物仓库总建筑面积远大于规范规定的防火分区最大允许建筑面积。

2. 自动喷淋系统问题

该聚合物仓库消防系统设计采用预作用系统，但是主要存在以下几个问题：

（1）按现行规范《自动喷水灭火系统设计规范》设计，其第6.1.1条与第6.1.4产生矛盾，喷头形式很难确定，不利于下一步设计的进一步开展。

（2）该仓库面积较大，配水管道相对较长，所以发生火灾后其充水时间也会较长，这能否满足规范要求还需要进一步考证。

（3）规范要求直立型早期抑制快速响应喷头安装时其溅水盘与顶板距离不小于100mm，不大于150mm，这在施工时具有很大的难度。

（4）该仓库地处辽宁，冬季温度很低，且室内不设置采暖设施，因此很有可能发生水管冻裂现象而导致喷淋设施不能正常工作。

3. 大跨度、大空间建筑

该仓库跨度为65m，长度为268m，檐口高度分别为7.9m和9.9m，因此该仓库属于大跨度、大空间建筑。根据《建筑钢结构防火技术规范》第3.0.10条：对于多功能、大跨度、大空间的建筑，可采用有科学依据的性能化设计方法，模拟实际火灾升温，分析结果的抗火性能，采取合理、有效的防火保护措施，保证结构的抗火安全。

■ 3.3　火灾场景设置

在一场复杂的火灾中，其可能的火灾场景会有很多种，我们不可能把每一种火灾场景全列出来。因此，需要选择有代表性的，或者比较不利的场景，也就是遵循"可信最不利原则"来选择和设置火灾场景。

3.3.1 设计火灾

性能化设计中至关重要的一步就是设计火灾。描述火灾通常用热释放速率曲线（HRR）与时间的关系来表示，热释放速率是指火源在单位时间内释放出的总热量，其单位是 kW 或 MW。热释放速率是影响火灾发展的基本参数，它的大小反映了火灾热释放强度随时间的变化，决定了整个燃烧过程的其他参数，如温度的高低、烟气的产量等。热释放速率可以根据式（3-1）计算[1]：

$$Q = \phi m \Delta H \tag{3-1}$$

式中　m——可燃物的质量燃烧速率，kg/s；

　　　ϕ——燃烧速率因子，根据燃烧程度的不同，取 0.3～0.9；

　　　ΔH——可燃物的热值，MJ/kg。

在英国国家标准 BSDD240[11]《建筑物防火安全工程原则的应用指南》中指出，如果可以估算出建筑内部单位面积的热释放速率时，可以通过式（3-2）来计算火灾的总热释放速率：

$$Q = Q' A_{fire} \tag{3-2}$$

式中　Q——火灾的总热释放速率，kW；

　　　Q'——单位面积的热释放速率，kW/m²；

　　　A_{fire}——火灾面积，m²。

在 BSDD240 中还给出了对于一般建筑的所建议采用的单位面积热释放速率，见表 3-1。

表 3-1　单位面积热释放速率[11]

建筑用途	单位面积热释放速率（kW/m²）
零售商店	500
办公室	250

3.3.2 场景设置

在该仓库中设置火灾场景时做了以下两个假设：不考虑纵火、爆炸等恶性行为；不考虑多处同时着火，只考虑单个堆垛着火。

由于火灾燃烧的不确定性，在模拟的过程中建立了很多的火灾场景，这里选取了七个典型的场景。

仓库内存储的物品为袋装颗粒状聚乙烯，堆垛方式放置，聚乙烯分解温度大约在 335～450℃之间，氧指数为 17%～18%，密度为 0.91g/cm³，燃烧热值为 45.9MJ/kg，点燃温度为 340℃。

火灾场景一：堆垛面积为 10m×10m，垛高为 3m，垛间距为 5m。被点燃的堆垛轰燃时的总热释放速率为 110MW 左右。如图 3-2 所示。

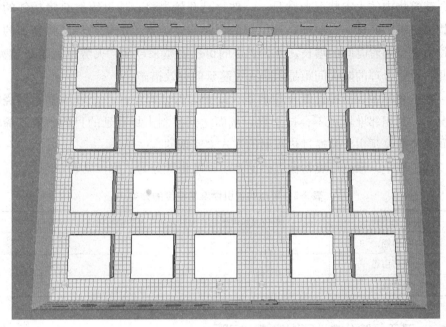

图 3-2　场景一的几何模型

火灾场景二：堆垛面积为 10m×10m，垛高为 3m，垛间距为 6m。被点燃的堆垛轰燃时的总热释放速率为 110MW 左右。

火灾场景三：堆垛面积为 10m×10m，垛高为 3m，垛间距为 7m。被点燃的堆垛轰燃时的总热释放速率为 110MW 左右。

火灾场景四：堆垛面积为 9m×9m，垛高为 3m，垛间距为 6m。被点燃的堆垛轰燃时的总热释放速率为 95MW 左右。

火灾场景五：堆垛面积为 9m×9m，垛高为 3m，垛间距为 6.7m。被点燃的堆垛轰燃时的总热释放速率为 95MW 左右。

火灾场景六：堆垛面积为 7m×7m，垛高为 3m，垛间距为 5.5m。被点燃的堆垛轰燃时的总热释放速率为 67MW 左右。

火灾场景七：堆垛面积为 7m×7m，垛高为 3m，垛间距为 6m。被点燃的堆垛轰燃时的总热释放速率为 67MW 左右。

■ 3.4 堆垛间防火间距的设计

建筑物内的火灾状况通常是，一件物品开始燃烧，通过辐射热将相邻的可燃物品引燃，经过一段时间，被引燃的可燃物燃烧产生的辐射热又将相邻的可燃物引燃，随着时间的增长，开始燃烧的可燃物越来越多，火势也就越来越大。因此，设置合理的防火间距是阻止火灾蔓延的有效措施。

在本仓库中，通过设置合理的防火间距，保证即使在一个堆垛开始燃烧的情况下，其相邻堆垛也不会被引燃，从而达到控制火势蔓延的目的。聚乙烯堆垛间火势的蔓延主要是通过热辐射的方式来实现的。

在工程中，根据可燃物被引燃的难易程度将其分为三类，见表3-2。

表 3-2 可燃物被引燃难易程度的分类

可燃物类别	单位面积可燃物表面引燃所需要的辐射热流（kW/m²）
易引燃	10
一般可引燃	20
难引燃	40

3.4.1 基于经验公式计算出的防火间距

距火源中心半径 R 的范围内，燃烧的火源对该半径区域内目标可燃物的辐射为式（3-3）：

$$q = \frac{P}{4\pi R^2} \approx \frac{X_r Q}{4\pi R^2} \tag{3-3}$$

式中 q ——对目标可燃物的单位辐射热通量，kW/m²；

P ——火焰的总辐射热流，kW；

R ——与目标可燃物的距离，m；

X_r ——热辐射效率，不同燃料取值范围为 0.2～0.6；

Q ——火源的总热释放速率，kW。

对于一般的可燃物，式（3-3）中的热辐射效率系数 X_r 取 1/3，即火源总能量的 1/3 以热辐射的方式传递出去。因此，式（3-3）可转换为式（3-4）：

$$R = \left(\frac{Q}{12\pi q}\right)^{\frac{1}{2}} \tag{3-4}$$

在这里，q 为可燃物被引燃的最小热通量，由此可算出引燃目标可燃物的临

界距离 R。聚乙烯被点燃需要的表面最低辐射热通量为 19kW/m^2。

火灾场景一、二、三：堆垛面积为 $10\text{m}\times10\text{m}$，轰燃时总热释放功率为 110MW，将 $q=19\text{kW}$ 带入式（3-3）中，得出辐射热通量为 19kW/m^2 的区域半径为 12.4m，因此，相邻堆垛被引燃的临界间距为 $12.4\text{m}-5\text{m}=7.4\text{m}$。

火灾场景四、五：堆垛面积为 $9\text{m}\times9\text{m}$，轰燃时总热释放功率为 95MW，将 $q=19\text{kW}$ 带入式（3-3）中，得出辐射热通量为 19kW/m^2 的区域半径为 11.5m，因此，相邻堆垛被引燃的临界间距为 $11.5\text{m}-4.5\text{m}=7\text{m}$。

火灾场景六、七：堆垛面积为 $7\text{m}\times7\text{m}$，轰燃时总热释放功率为 67MW，将 $q=19\text{kW}$ 带入式（3-3）中，得出辐射热通量为 19kW/m^2 的区域半径为 9.6m，因此，相邻堆垛被引燃的临界间距为 $9.6\text{m}-3.5\text{m}=6.1\text{m}$。

3.4.2　基于 FDS 模拟的防火间距

为了进一步验证防火间距的设置，利用火灾模拟软件 FDS 对所设置的火灾场景进行模拟，计算结果可通过可视化程序 Smokeview 表现出来，模拟结果如下。

场景一：火灾燃烧 205s 后开始引燃邻近堆垛。图 3-3 显示了 205s 时火灾的燃烧情况，可以直观地看出来，此时邻近堆垛已经开始被引燃了。图 3-4 显示了火灾热释放速率（HRR）与时间的关系，从图中也可以看出，在 200s 附近时，火灾热释放速率开始增大，这同样说明邻近堆垛开始被引燃。

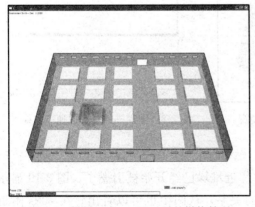
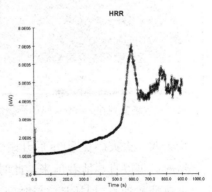

图 3-3　场景一在 $t=205\text{s}$ 时的燃烧情况　　图 3-4　场景一的热释放速率曲线

场景二：火灾燃烧 440s 后开始引燃邻近堆垛。图 3-5 显示了 440s 时火灾的燃烧情况，可以直观地看出来，此时邻近堆垛已经开始被引燃了。图 3-6 显示了火灾热释放速率（HRR）与时间的关系，从图中也可以看出，在 440s 附近时，火灾热释放速率开始增大，这同样说明邻近堆垛开始被引燃。

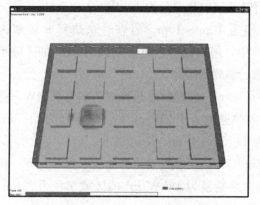
图 3-5　场景二在 $t=440$s 时的燃烧情况

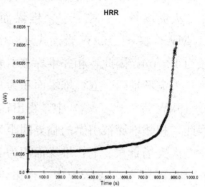
图 3-6　场景二的热释放速率曲线

场景三：火灾燃烧 900s 后仍未引燃邻近堆垛。图 3-7 显示了 900s 时火灾的燃烧情况，可以直观地看出来，邻近堆垛未被引燃。图 3-8 显示了火灾热释放速率（HRR）与时间的关系，从图中也可以看出，900s 时间内火灾热释放速率一直维持稳定，这同样说明邻近堆垛未被引燃。

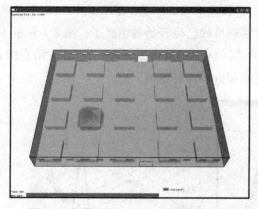
图 3-7　场景三在 $t=900$s 时的燃烧情况

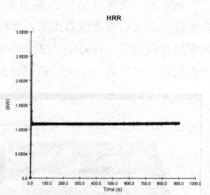
图 3-8　场景三的热释放速率曲线

场景四：火灾燃烧 500s 后开始引燃邻近堆垛。图 3-9 显示了 500s 时火灾的燃烧情况，可以直观地看出来，此时邻近堆垛已经开始被引燃了。图 3-10 显示了火灾热释放速率（HRR）与时间的关系，从图中也可以看出，在 500s 附近时，火灾热释放速率开始增大，这同样说明邻近堆垛开始被引燃。

场景五：火灾燃烧 900s 后仍未引燃邻近堆垛。图 3-11 显示了 900s 时火灾的燃烧情况，可以直观地看出来，邻近堆垛未被引燃。图 3-12 显示了火灾热释放速率（HRR）与时间的关系，从图中也可以看出，900s 时间内火灾热释放速率一直维持稳定，这同样说明邻近堆垛未被引燃。

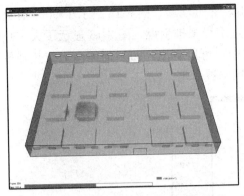

图 3-9　场景四在 $t=500\mathrm{s}$ 时的燃烧情况

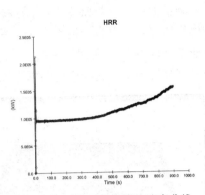

图 3-10　场景四的热释放速率曲线

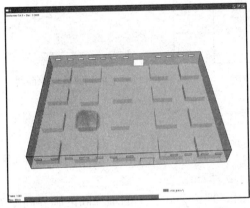

图 3-11　场景五在 $t=900\mathrm{s}$ 时的燃烧情况

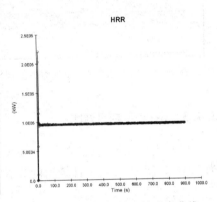

图 3-12　场景五的热释放速率曲线

场景六：火灾燃烧 500s 后开始引燃邻近堆垛。图 3-13 显示了 500s 时火灾的燃烧情况，可以直观地看出来，此时邻近堆垛已经开始被引燃了。图 3-14 显示了火灾热释放速率（HRR）与时间的关系，从图中也可以看出，在 500s 附近时，火灾热释放速率开始增大，这同样说明邻近堆垛开始被引燃。

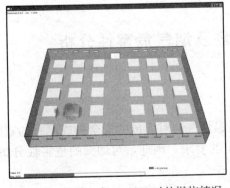

图 3-13　场景六在 $t=370\mathrm{s}$ 时的燃烧情况

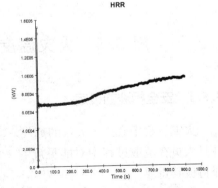

图 3-14　场景六的热释放速率曲线

场景七：火灾燃烧900s后仍未引燃邻近堆垛。图3-15显示了900s时火灾的燃烧情况，可以直观地看出来，邻近堆垛未被引燃。图3-16显示了火灾热释放速率（HRR）与时间的关系，从图中也可以看出，900s时间内火灾热释放速率一直维持稳定，这同样说明邻近堆垛未被引燃。

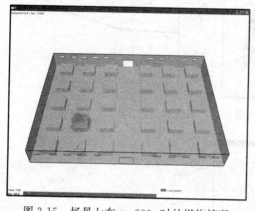

图3-15　场景七在$t=900s$时的燃烧情况

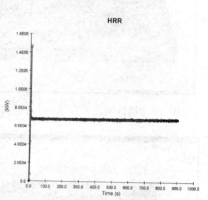

图3-16　场景七的热释放速率曲线

3.4.3　两种结果的对比

（1）当堆垛尺寸为10m×10m×3m时，理论公式算出的堆垛间的临界间距为7.4m，用FDS模拟计算出的临界间距为7m。

（2）当堆垛尺寸为9m×9m×3m时，理论公式算出的堆垛间的临界间距为7m，用FDS模拟计算出的临界堆垛间距为6.7m。

（3）当堆垛尺寸为7m×7m×3m时，理论公式算出的堆垛间的临界间距为6.1m，用FDS模拟计算出的临界堆垛间距为6m。

对以上数据进行对比，可以看出经验公式计算的结果与FDS模拟的结果比较接近，有很好的拟合性。

■ 3.5　火灾温度场及烟气危害性分析

3.5.1　安全标准的设定

火灾过程中会产生大量的烟气，高温烟气会对人员的安全构成严重的威胁，并且人员在疏散过程中对能见度有一定的要求。因此，对烟气的危害性分析就显得极其重要。

在人员疏散的过程中，要保证烟气层维持在一定的高度，从而使疏散人员避免直接穿过高温烟气层，免受有毒气体的毒害和强烈的热辐射。同时保证在建筑物内的可见度符合疏散的最低要求。

美国NFPA和SFPE联合出版的《防火工程手册》指出，当上部烟气层温度高于180℃时，将会对底下的人员造成辐射伤害；当烟气层高度下降到与人体直接接触的高度时，烟气温度为110～120℃时，对人的危害将是直接烧伤。因此，考虑烟气温度时，需要结合考虑烟气层的高度。

由于烟气具有减光作用，在有烟气存在的场合，能见度必然会下降，这将直接影响人员的安全疏散。能见度与烟气的颜色、背景的亮度、物体的亮度以及观察者个人状况都有关系。随着减光系数的增大，能见度越低，同时人员疏散时的行走速度越慢。当减光系数大于0.5m^{-1}时，人的表观行走速度约为0.3m/s，这相当于蒙上眼睛的行走速度。有研究表明，在小空间里疏散时最小能见度为5m，大空间时最小能见度为10m。

综上所述，本文所取的安全标准为：在人员疏散过程中，烟气层的高度维持在2m以上，烟气层的温度不超过180℃；若烟气层高度低于2m，则要求烟气层温度不超过120℃；仓库内能见度不小于10m。

3.5.2 仓库内温度场及烟气流动模拟结果及分析

利用火灾模拟软件FDS对设定的火灾场景进行模拟，可以得出仓库内烟气的运动情况。

火灾场景一：堆垛面积为10m×10m，垛高为3m，垛间距为5m，点火功率为625kW。被点燃的堆垛轰燃时热释放速率为110MW左右。图3-17是模拟计

(a) 100s

(b) 200s

(c) 400s

(d) 900s

图3-17 场景一的烟气运动情况

算得出的仓库内烟气的运动情况；图 3-18 是距地面 2m 处 900s 时的温度分布情况；.图 3-19 是 9m 高处温度分布情况；图 3-20 是 2m 处能见度分布情况。图 3-21 为通道上 2m 处的升温曲线。

图 3-18　场景一在 $t=900$s 时 2m 高处的烟气温度

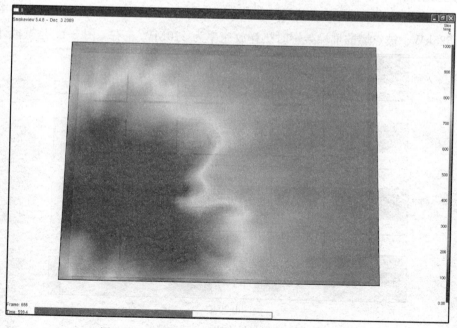

图 3-19　场景一在 $t=600$s 时 9m 高处的烟气温度

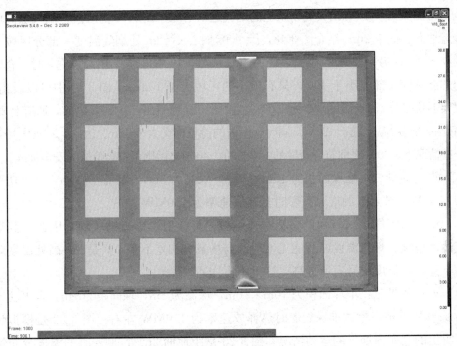

图 3-20 场景一在 $t=900\text{s}$ 时 2m 高处的能见度

GAS10702

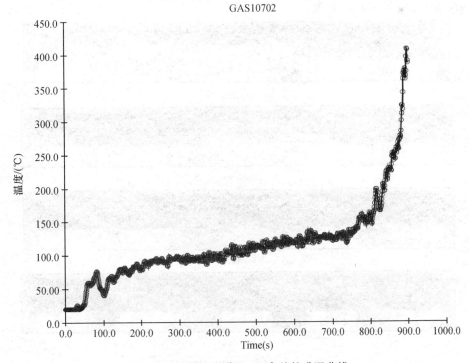

图 3-21 场景一通道上 2m 高处的升温曲线

由图 3-17 可以看出火灾场景一的烟气运动情况，在 900s 的时候，烟气层高度接近地面、低于 2m；结合图 3-18，t＝900s 时、Z＝2m 处烟气温度一部分区域大约在 320℃，另一部分区域为 230℃左右；从图 3-19 中可以看出，在 900s 时，仓库内的能见度大部分小于 10m，只有极小的区域大于 10m。从图 3-20 中可以看出，屋架下弦即 9m 高处温度最高为 1000℃。由图 3-21 可看出，在 400s 以前，通道上 2m 高处的烟气层温度低于 120℃，同时仓库内的能见度又大于 10m。因此，在火灾场景一的情况下，400s 之前符合疏散的安全标准，400s 之后则不符合疏散的安全标准。

火灾场景二：堆垛面积为 10m×10m，垛高为 3m，垛间距为 6m，点火功率为 625kW。被点燃的堆垛轰燃时热释放速率为 110MW 左右。

由于火灾场景二与场景一基本差不多，都会引燃邻近的堆垛，因此，其烟气运动情况、烟气温度以及能见度等都与场景一相差不多，只是 2m 高处温度略有下降，能见度稍微有所提高，这里不再详述。

火灾场景三：堆垛面积为 10m×10m，垛高为 3m，垛间距为 7m，点火功率为 625kW。被点燃的堆垛轰燃时热释放速率为 110MW 左右。图 3-22 是模拟计算得出的仓库内烟气的运动情况；图 3-23 是距地面 2m 处 900s 时的温度分布情况；图 3-24 是 9m 高处温度分布情况；图 3-25 是 2m 处能见度分布情况。图 3-26 为通道上 2m 处的升温曲线。

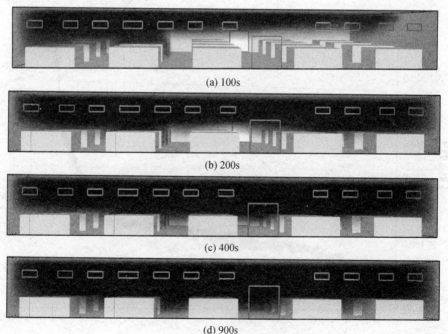

(a) 100s

(b) 200s

(c) 400s

(d) 900s

图 3-22　场景三的烟气运动情况

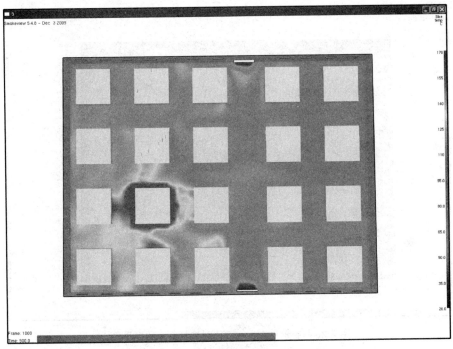

图 3-23 场景三在 $t=900s$ 时 2m 高处的烟气温度

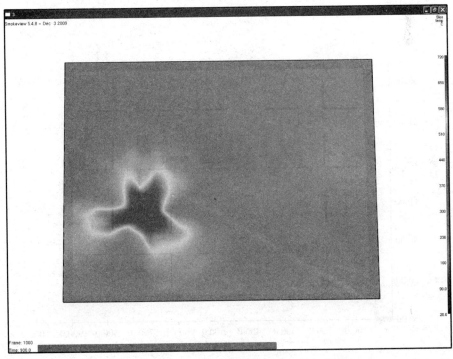

图 3-24 场景三在 $t=900s$ 时 9m 高处的烟气温度

图 3-25　场景三在 $t=900\mathrm{s}$ 时 2m 高处的能见度

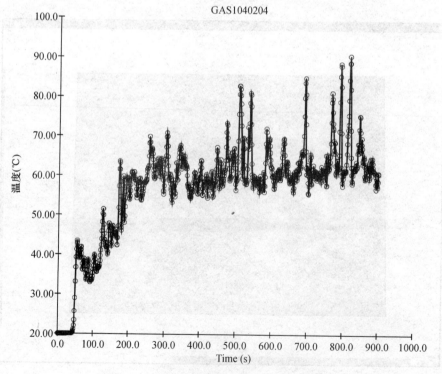

图 3-26　场景三通道上 2m 高处的升温曲线

由图 3-22 可以看出火灾场景三的烟气运动情况，在 900s 的时候，烟气层高度约为 1.8～2m；由图 3-23 可以看出，$t=900s$ 时、$Z=2m$ 处烟气温度大部分区域在 110℃左右，极少部分为 50～60℃，只有在邻近燃烧堆垛的地方温度为 170℃；从图 3-24 中可以看出，在 900s 时，仓库内的能见度大部分区域在 18～20m 之间，小部分大于 20m。从图 3-25 中可以看出，屋架下弦即 9m 高处温度最高为 720℃。由图 3-26 可看出，900s 时间之内，通道上 2m 高处的烟气层最高温度为 90℃。综合以上计算结果可以得出，在火灾场景三的情况下，在计算的 900s 时间内一直符合疏散的安全标准。

火灾场景四：堆垛面积为 9m×9m，垛高为 3m，垛间距为 6m，点火功率为 625kW。被点燃的堆垛轰燃时热释放速率为 95MW 左右。

火灾场景五：堆垛面积为 9m×9m，垛高为 3m，垛间距为 6.7m，点火功率为 625kW。被点燃的堆垛轰燃时热释放速率为 95MW 左右。

火灾场景四与场景一相似，只是堆垛面积减少，热释放速率有所下降。场景四会引燃邻近的堆垛。场景五与场景三相似，也不会引燃邻近的堆垛。这里不再详述。

火灾场景六：堆垛面积为 7m×7m，垛高为 3m，垛间距为 5.5m，点火功率为 625kW。被点燃的堆垛轰燃时热释放速率为 67MW 左右。图 3-27～图 3-31 为火灾烟气和温度情况。

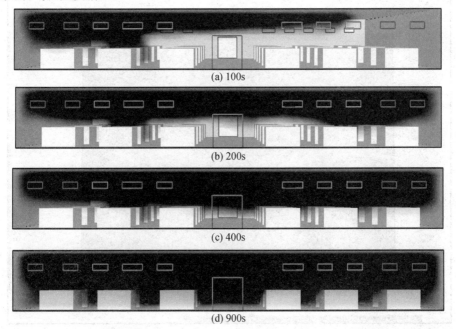

(a) 100s

(b) 200s

(c) 400s

(d) 900s

图 3-27　场景六的烟气运动情况

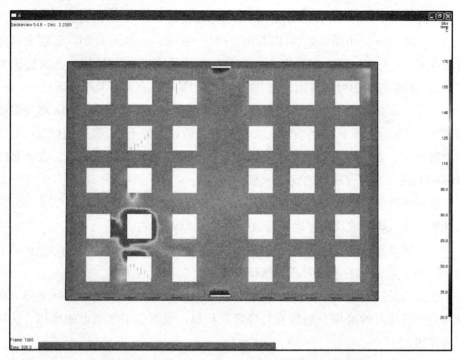

图 3-28　场景六在 $t=900\mathrm{s}$ 时 2m 高处的烟气温度

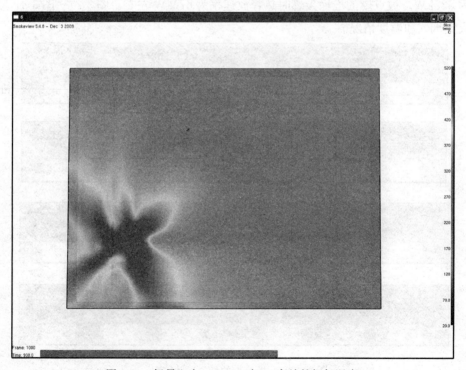

图 3-29　场景六在 $t=900\mathrm{s}$ 时 9m 高处的烟气温度

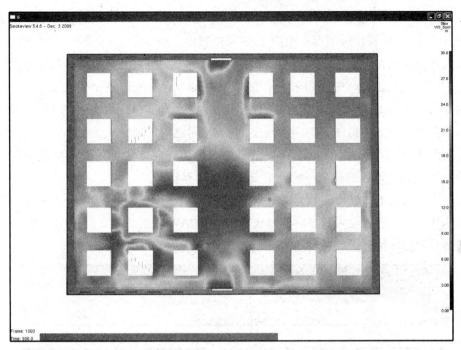

图 3-30　场景六在 $t=900\text{s}$ 时 2m 高处的能见度

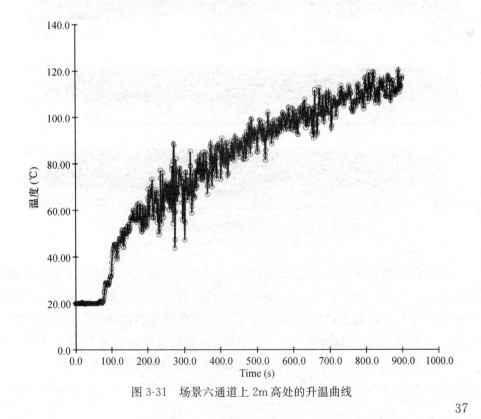

图 3-31　场景六通道上 2m 高处的升温曲线

由图 3-27 可以看出火灾场景六的烟气运动情况,在 900s 的时候,烟气层高度低于 2m,比较接近地面;由图 3-28 可以看出,$t=900s$ 时、$Z=2m$ 处烟气温度大部分区域在 120℃左右,极少部分为 50～60℃,在邻近燃烧堆垛的地方温度为 170℃;从图 3-29 中可以看出,屋架下弦即 9m 高处温度最高为 520℃。从图 3-30 中可以看出,在 900s 时,仓库内的能见度大部分区域在 12～16m 之间,小部分大于 20m。由图 3-31 可看出,900s 时间之内,通道上 2m 高处的烟气层最高温度为 120℃。综合以上计算结果可以得出,在火灾场景六的情况下,在 900s 的时候仓库内的疏散环境处于安全标准边界状态。

火灾场景七:堆垛面积为 7m×7m,垛高为 3m,垛间距为 6m,点火功率为 625kW。被点燃的堆垛轰燃时热释放速率为 67MW 左右。图 3-32～图 3-36 为火灾烟气和温度情况。

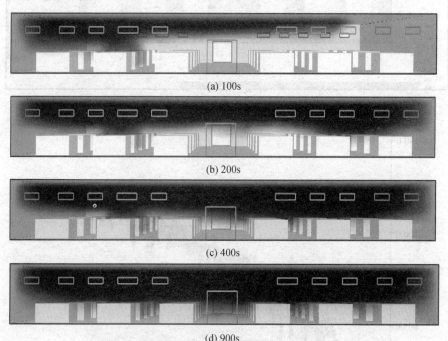

(a) 100s

(b) 200s

(c) 400s

(d) 900s

图 3-32　场景七的烟气运动情况

由图 3-32 可以看出火灾场景七的烟气运动情况,在 900s 的时候,烟气层高度约为 1.8～2m;由图 3-33 可以看出,$t=900s$ 时、$Z=2m$ 处烟气温度大部分区域在 70℃左右,极少部分为 40～50℃,只有在邻近燃烧堆垛的地方温度为 100℃;从图 3-34 中可以看出,屋架下弦即 9m 高处温度最高为 470℃;从图 3-35 中可以看出,在 900s 时,仓库内的能见度大部分区域在 25～30m 之间,极小部分大于 20m。由图 3-36 可看出,900s 时间之内,通道上 2m 高处的烟气层最高温度为 55℃。综合以上计算结果可以得出，在火灾场景七的情况下，在计算的 900s 时间内一直符合疏散的安全标准。

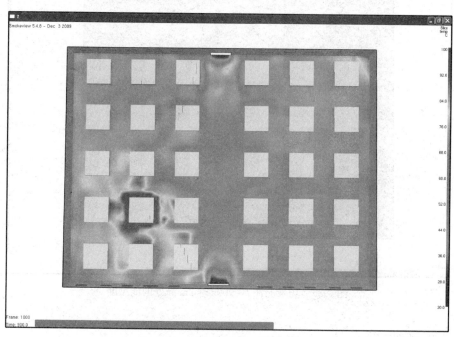

图 3-33 场景七在 $t=900s$ 时 2m 高处的烟气温度

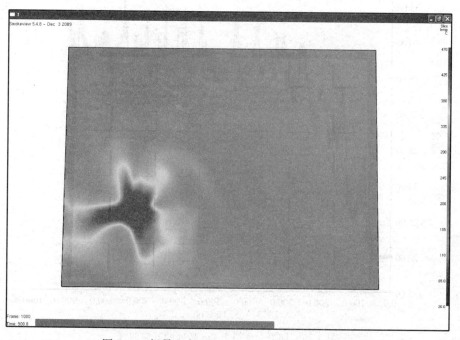

图 3-34 场景七在 $t=900s$ 时 9m 高处的烟气温度

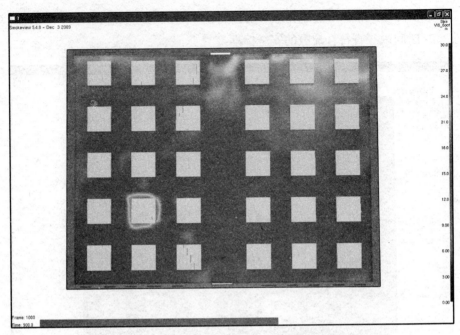

图 3-35　场景七在 $t=900s$ 时 2m 高处的能见度

GAS10402

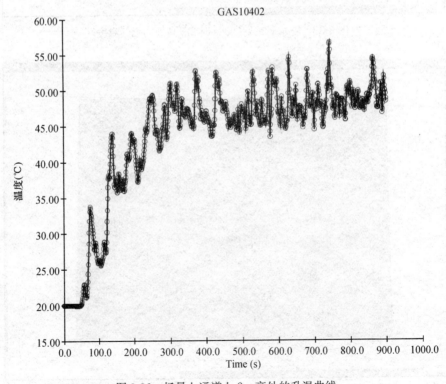

图 3-36　场景七通道上 2m 高处的升温曲线

■ 3.6 小结

通过以上分析,可以得出该仓库性能化防火设计的结论如下:

(1) 该仓库原来的消防设计方案存在着难以解决的问题,因此必须采用性能化的设计方法对其进行设计。

(2) 通过 FDS 对不同火灾场景的模拟计算,可以得到合理的堆垛间距,从而达到即使一个堆垛着火也不会引燃相邻堆垛的设计目标。并将模拟结果与理论公式的计算结果进行了对比,有比较高的拟合性。

(3) 通过 FDS 对不同的火灾场景模拟其烟气的流动性,得到了不同场景时仓库内的能见度分布情况及 2m 高处烟气温度分布情况。

(4) 火灾场景三、五、七满足着火堆垛不引燃邻近堆垛的要求,并且其 2m 高处的能见度分布以及温度分布均满足人员安全疏散的标准。

(5) 由场景一、三、六、七可以看出,只要合理设置堆垛的大小,并控制堆垛的间距,使堆垛间不相互引燃,则屋架下弦处的温度可以控制在安全范围内。

对华锦集团乙烯聚合物仓库进行了火灾场景设置,并对堆垛间的合理的防火间距以及仓库内的烟气流动情况进行了模拟分析,得出的主要结论如下:

(1) 在小空间内,通过 FDS 的模拟计算得到了影响聚合物燃烧时热释放速率的主要因素,包括开口位置、开口率以及喷淋设施。开口位置越低,聚乙烯堆垛初始阶段燃烧越快,但最大热释放速率则有所降低;开口率越大,最大热释放速率越大,但在燃烧初期反而是开口率小的热释放速率大一些;自动喷淋设施对小的聚乙烯堆垛火灾的抑制和扑灭效果比较明显,但是对于大的聚乙烯堆垛,其效果不是十分明显,对火灾的热释放速率的影响很小。

(2) 通过对仓库内设置的七个火灾场景进行模拟计算,得出了堆垛间的合理的防火间距。堆垛面积为 10m×10m×10m 时,其临界间距为 7m;堆垛面积为 9m×9m×9m 时,临界间距为 6.7m;堆垛面积为 7m×7m×7m 时,临界间距为 6m。通过设置合理的堆垛间距可以替代防火分区,起到防止火灾蔓延的作用。

(3) 对仓库内设置的七个火灾场景进行模拟分析,得出了七个火灾场景下的能见度的分布情况及 2m 高处的温度场分布情况。在火灾场景三、五、七下,起火的堆垛不会引燃邻近堆垛,并且 2m 高处的能见度及温度都符合安全疏散的标准。

(4) 通过设置合理的堆垛大小以及堆垛间的间距,屋架下弦处的温度可以控制在安全范围内。

第4章　某聚合物仓库扩建工程性能化防火设计

本设计来自聚合物仓库扩建工程，因原聚丙烯装置规模偏小，经济效益低下，企业的债务负担过重，为改变现状调整产品结构，也为了增加适应市场要求的产品品种和数量，故进行本次改扩建。该聚合物仓库中主要进行聚丙烯的包装和临时存放，依据业主的要求，希望本扩建工程即新旧仓库之间进行连通，将两个仓库作为一个仓库使用。以此实际工程为背景，本设计充分考虑业主需求、仓库的不同使用条件及防火目标，利用理论与数值模拟相结合的方法对该聚合物仓库扩建工程防火分区进行研究。

1. 旧聚合物仓库工程概况

该聚合物仓库扩建工程原有仓库为单层大空间结构，屋盖为网架结构，由混凝土柱上弦支承，平立面尺寸如图4-1所示。该仓库主要存放物为乙烯、丙烯等聚合物，划分成三个防火分区Ⅰ、Ⅱ、Ⅲ。

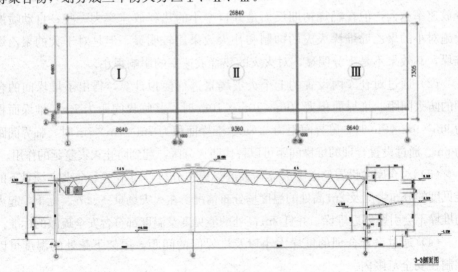

图 4-1　旧聚合物仓库平立面示意图

2. 新聚合物仓库工程背景

新仓库位于该集团改扩建厂区的东北角，北侧是铁路运输线，南侧是生产装置区，东侧是总变电所，西侧为原有聚合物仓库。技术指标和工程主要特征如图4-2所示，新旧仓库之间由3个通道进行连接，如图4-3所示。

技术指标			
占地面积(m²)	建筑面积(m²)	建筑高度(m)	层数
6693	5198.05	10.75	单层

抗震设防烈度(度)	火灾危险性类别(类)	建筑物的耐火等级(级)	卫生等级(级)	平屋面防水等级(级)
七	丙	二	一	Ⅲ

图4-2　技术指标和工程主要特征

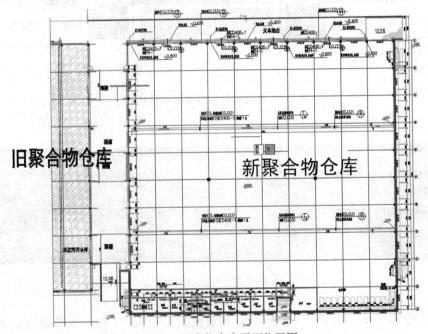

图4-3　聚合物仓库平面位置图

4.1　新旧仓库防火分区火灾场景设计

不同的建筑结构、不同的使用条件、不同的可燃物燃烧特性、不同的着火点等因素直接影响建筑中火灾发展和蔓延的过程，因此模拟时会有千变万化的多个火灾场景，但对所有可能存在的火灾场景均进行模拟研究是不现实的，故需要从无数个火灾场景中找到其共性。在设定场景时依据"可信最不利"的原则，需先确定最不利的火灾场景，为后续模拟指明方向。

4.1.1 新旧仓库模型建立

旧仓库聚乙烯及聚丙烯摆放位置平面图如图 4-4 所示，堆垛大小为 12.6m× 25.2m×2.5m，彼此堆垛间距为 1m，堆垛密集，依据实际场景建立仓库模型如图 4-5 所示。

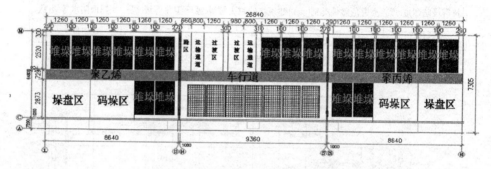

图 4-4　聚合物仓库堆垛平面示意图

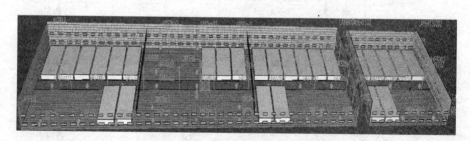

图 4-5　聚合物仓库堆垛模型示意图

旧仓库尺寸 268.4m×64.8m，总建筑面积 17392m²，按照规范要求设置两道防火墙，划分三个防火分区。由于旧仓库两道防火墙的存在，当发生火灾时，防火卷帘门立刻关闭，控制火势蔓延，相当于每个防火分区内发生的火灾均为独立的。为减少 FDS 软件模拟时间，现只模拟旧仓库最右侧防火分区与新仓库之间的火灾蔓延，研究旧仓库最右侧和新仓库之间防火分区的设置，建立模型如图 4-6 所示。

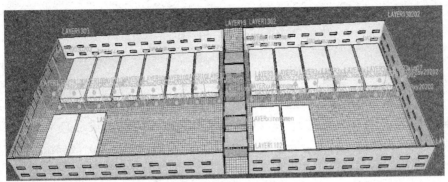

图 4-6　实际模拟模型

4.1.2　仓库最不利火灾场景

对火灾场景的设计需要通过科学理论来加以建立和验证，它不是简单的想象和假定。可以依据建筑中火灾发展和蔓延过程的特点而以点燃模型、火焰模型、火源扩展（火蔓延）模型来作理论支持。本模拟场景均以第三个火灾蔓延模型作理论支持，即火灾最开始从着火点发展，进而向周围可燃物蔓延，使得更多可燃物参与燃烧而受火面积不断扩展，火势亦逐渐增大。

1. 仓库窗户的设定

在软件模拟中需要设定较多场景，设定场景依据"可信最不利"的原则。仓库在实际使用中会存在两种窗户设定情况，即开窗和关窗，但即便是关窗，在发生火灾时也会因为对流或者辐射导致的温度升高而使窗户玻璃里外两边产生温度差，继而造成玻璃破裂，重新形成开放的洞口，导致火源向外蔓延，增大火势。

在软件中如何实现判断火灾时窗户由于玻璃破碎而形成开放的洞口则是难点。影响玻璃破碎的因素主要有：内部因素如框的结构类型、厚薄、玻璃大小等，外部因素如热辐射通量、温度梯度以及压力变化等。实际火灾中确定玻璃破碎的条件是非常困难的，俄罗斯的 Roytman 推荐设定的玻璃破碎温度约为 300℃，日本的建筑研究所（BRI）的 Tanaka.T 等人指出，3mm 厚玻璃的破碎温度约为 340℃，而 4~6mm 厚的玻璃平均破碎温度约为 450℃。本仓库模拟时采取 450℃作为玻璃破碎的判据，FDS 语句如下：

```
&DEVC ID= 'Ch1',
QUANTITY= 'TEMPERATURE',
XYZ= 1.78, 1.50, 1.50/
&CTRL ID= 'CTRL',
FUNCTION_ TYPE= 'DEADBAND',
```

```
SETPOINT= - 10.00, 450.00,
ON_ BOUND= 'UPPER',
LATCH= .FALSE.,
INPUT_ ID= 'Ch1'/
```

为了更好地把握窗户的设定，笔者先从小模型开始模拟，具体场景为两堵墙间距 1m，同样位置开了 1.2m×1.2m 的洞口，在洞口中心设定 Device 测定玻璃处温度，火源位于第一堵墙左侧 0.8m 处，火源面积为 0.5m×0.5m，设定模拟时间为 200s，具体模型及模拟结果如图 4-7~图 4-12 所示。

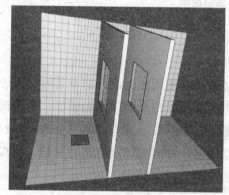

图 4-7　模型场景

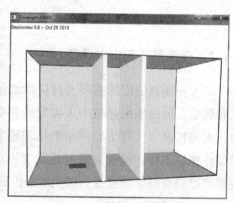

图 4-8　模拟结束时模型

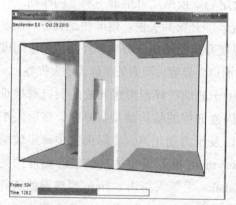

图 4-9　128.2s 时只有一窗户玻璃破碎

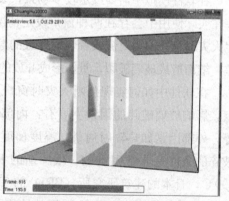

图 4-10　195.6s 时两窗户玻璃均破碎

由图 4-7 可看出，模型模拟结束时两堵墙并未出现窗口，此时模拟的场景为关窗情况。由图 4-9 可直观看出左侧墙窗户玻璃因火苗的烘烤温度首先达到 450℃，玻璃破碎，本来关闭的窗口被打开，成为一个新的通风口。由图 4-10 可看出，在 195.6s 时，火焰通过左侧窗户形成的开口辐射使得右侧窗户玻璃处温度也达到 450℃，故右侧窗户玻璃破裂，也形成通风口。由图 4-11、图 4-12 窗户行为命令曲线知，当曲线值为－1时，窗户状态为关闭状态；当曲线值为1时，窗户玻璃破碎，此时窗户为开放状态。据左侧和右侧窗户各自的命令曲线可推断，左侧窗户玻璃离火源较近很快达到450℃而破裂，右侧窗户玻璃离火源较远，在左侧窗户玻璃破裂后由于火焰辐射温度在190s左右时达到450℃才破裂，窗户命令时间曲线可以判断不同位置窗户玻璃处温度升高至450℃的时间。此命令在本次模拟中用来模拟本来关闭的窗户由于火势的发展导致窗户玻璃破裂而形成新的通风口，同样此方法也可以用来模拟本来开放的防火卷帘门因为发生火灾而关闭从而起到隔离火灾限制火势发展的场景。

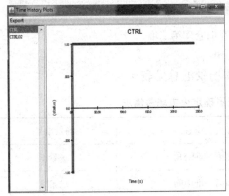

图 4-11　左侧窗户玻璃命令曲线

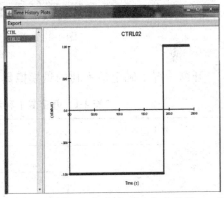

图 4-12　右侧窗户玻璃命令曲线

2. 火灾场景的设定

通过对真实火灾案例的调查和模型模拟的研究，笔者认为着火点位置及仓库使用条件是火灾场景中最主要的因素，不同的火源位置及开关窗使用情况决定了不同的火灾场景。确定场景坚持"可信最不利"原则，仓库中通道时刻会有叉车运输，故当通道左右两边及堆垛中间着火时能被及时发现及时扑灭，故本课题模拟场景将着火点定义在堆垛里边，分为着火点在新仓库和旧仓库。

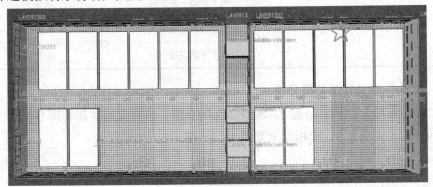

图 4-13　着火点在新仓库第二堆

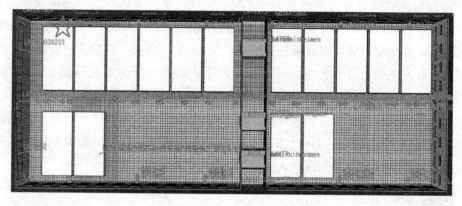

图 4-14　着火点在旧仓库第二堆

开窗情况下确定最不利场景模拟具体场景汇总见表 4-1。

表 4-1　开窗最不利场景确定火灾场景情况

着火位置	起火点位置	场景编号
着火点位于新仓库	右侧第一堆一角	场景 1
	右侧第一堆中间	场景 2
	右侧第二堆中间	场景 3
	右侧第三堆中间	场景 4
	右侧第四堆中间	场景 5
着火点位于旧仓库	左侧上方第一堆一角	场景 6
	左侧上方第一堆中间	场景 7
	左侧下方第一堆一角	场景 8
	左侧下方第一堆中间	场景 9
	左侧上方第二堆中间	场景 10
	左侧上方第三堆中间	场景 11

3. 火灾场景模拟结果分析

经过模拟，以火灾场景 2、场景 3 为例介绍，当着火点在新仓库右侧第二堆中间时即火灾场景 3，模拟结果如图 4-15～图 4-18 所示。

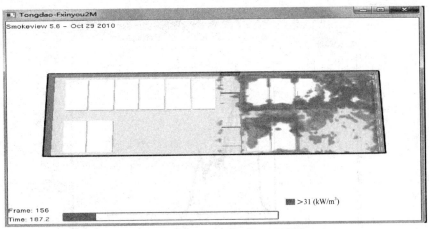

图 4-15 $t=187.2s$ 时仓库燃烧情况

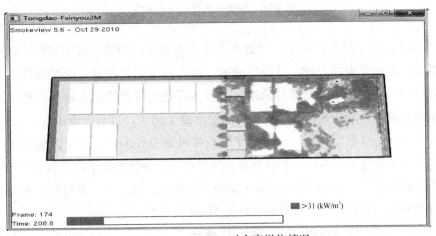

图 4-16 $t=208.8s$ 时仓库燃烧情况

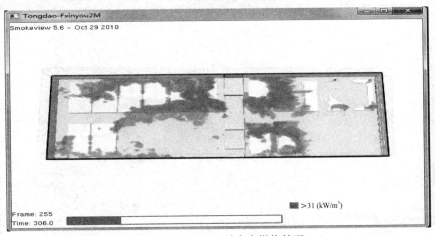

图 4-17 $t=306s$ 时仓库燃烧情况

49

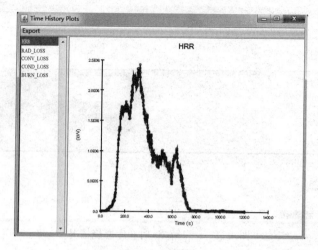

图 4-18　场景 3 热释放速率曲线

由图 4-15～图 4-18 可知，当着火点位于新仓库右侧第二堆中间时，邻近火源的第二堆垛首先被点燃，被点燃的第二堆聚丙烯迅速燃烧，进而将邻近第一堆垛引燃火势扩大，随着火势的增大，参与燃烧的可燃物越来越多，释放的热量也越来越多，故向四周引燃可燃物的速率越来越快，直至新仓库在 165.6s 时达到轰燃并持续燃烧，187.2s 时由于旧仓库可燃物并未被引燃而因新仓库可燃物部分已烧完导致量减少，故其热释放速率曲线出现缓慢的下降，当 208.4s 时，旧仓库被引燃，故 HRR 曲线在有下降段之后开始急速上升，表明旧仓库被引燃后剧烈燃烧达到最大直至可燃物被烧完 HRR 降低至 0。

场景 2 模拟结果如图 4-19～图 4-22 所示。

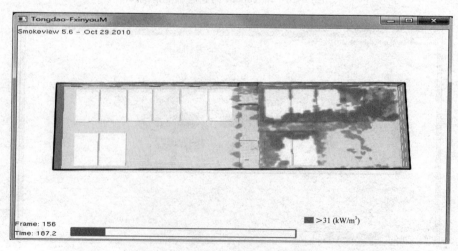

图 4-19　$t=187.2$s 时仓库燃烧情况

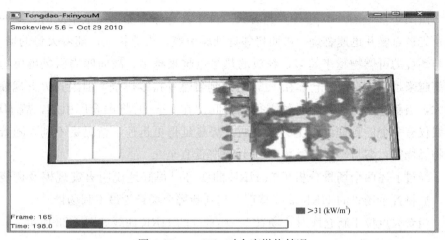

图 4-20　$t=198$s 时仓库燃烧情况

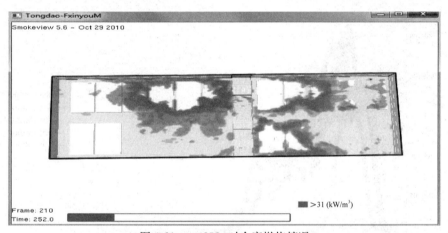

图 4-21　$t=252$s 时仓库燃烧情况

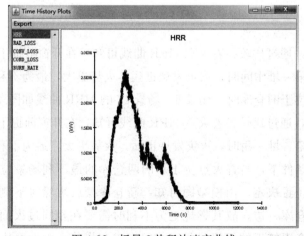

图 4-22　场景 2 热释放速率曲线

由图 4-19～图 4-22 可知，当着火点位于新仓库右侧第一堆中间时，第一堆垛首先被点燃并迅速燃烧，进而将邻近堆垛引燃，火势扩大，随着火势的增大，参与燃烧的可燃物越来越多，释放的热量也越来越多，故向四周引燃可燃物的速率越来越快，直至新仓库在 198s 时达到轰燃并持续燃烧，但因其火灾规模足够大，当新仓库出现轰燃时仅需很短时间即在 198s 时将旧仓库引燃，故 HRR 曲线仅有一个停顿便继续上升，表明火势蔓延得更迅速，情况更不利，随着可燃物燃烧完，参与燃烧的量减少，HRR 降低直至 0。

经过上述两个场景分析可知 HRR 曲线可以很好地说明火灾规模及燃烧情况，故将各个场景的 HRR 曲线整理一起判断哪个场景为最不利场景。

当着火点位于新仓库时，场景 1～场景 5 的 HRR 曲线如图 4-23 所示。

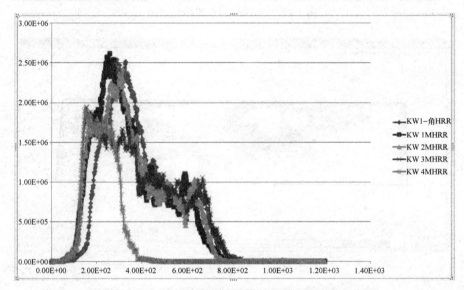

图 4-23　着火点位于新仓库时各场景 HRR 曲线

由图 4-23，通过比较各着火点 HRR 曲线可知，在开窗前提下，当着火点位于新仓库右侧第一堆中间时，火灾发展迅猛，火势更大，最为不利。

当着火点位于旧仓库时，场景 6～场景 11 的 HRR 曲线如图 4-24 所示。

由图 4-24，通过比较各着火点 HRR 曲线可知，在开窗前提下，当着火点位于旧仓库左侧第一堆一角时，火灾发展迅猛，火势更大，最为不利。

均为开窗条件下，当着火点位于新旧两仓库的最不利场景位置不同是由聚丙烯堆垛不同位置决定。由模型图可知，新仓库摆放堆垛时下侧堆垛位于新仓库左侧邻近旧仓库一边，故其燃烧更为不利时需要在相同过火面积下加快蔓延速率使得离旧仓库较近的堆垛量尽可能的多参与燃烧，而旧仓库下侧堆垛摆放

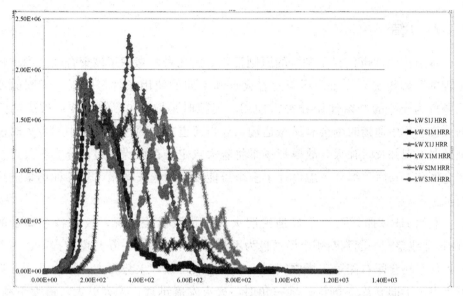

图 4-24　着火点位于新仓库时各场景 HRR 曲线

在其左侧远离新仓库处，故要使得火灾规模更大蔓延更迅速更不利就需要旧仓库堆垛燃烧速率慢一点，使得当火势扩散到旧仓库最右侧堆垛时旧仓库中的聚丙烯被烧完的量更少一些，故在相同的过火面积下，点燃堆垛速率较慢的场景 6 即着火点在第一堆一角时火灾更为不利。

得到最不利场景着火点所在位置，依据新旧仓库之间通道的不同设置情况、仓库使用条件及着火点所在位置设置实际模拟场景汇总见表 4-2。

表 4-2　模拟仓库实际堆垛情况火灾场景设计

通道设置情况	仓库使用情况	着火点位置	火灾场景编号
全封闭通道	开窗	新仓库右侧第一堆中间	场景 1
		旧仓库左侧第一堆一角	场景 2
	关窗	新仓库右侧第一堆中间	场景 3
		旧仓库左侧第一堆一角	场景 4
半开敞通道	开窗	新仓库右侧第一堆中间	场景 5
		旧仓库左侧第一堆一角	场景 6
	关窗	新仓库右侧第一堆中间	场景 7
		旧仓库左侧第一堆一角	场景 8
全开敞通道	开窗	新仓库右侧第一堆中间	场景 9
		旧仓库左侧第一堆一角	场景 10
	关窗	新仓库右侧第一堆中间	场景 11
		旧仓库左侧第一堆一角	场景 12

4.1.3 小结

本节按照"可信最不利"的原则设定火灾场景,考虑了该聚合物仓库扩建工程的可燃物实际分布、不同的着火点和不同的使用条件等因素。不同的使用条件为仓库的开窗使用和关窗使用,模拟时采取 450℃作为玻璃破碎的判据。因仓库中通道时刻会有叉车运输,故当通道左右两边及堆垛中间着火时能被及时发现并及时扑灭,故模拟场景将着火点定义在堆垛里边,分为着火点在新仓库和旧仓库,综合考虑设计了多个可能发生的火灾场景,对各种场景进行模拟。

利用 HRR 曲线可以很好地说明火灾规模及燃烧情况,故将各个场景的HRR 曲线整理一起判断哪个场景最为不利。经分析可知,在开窗前提下,当着火点位于新仓库右侧第一堆中间时,火灾发展迅猛,火势更大,最为不利;当着火点位于旧仓库左侧第一堆一角时,火灾发展迅猛,火势更大,最为不利。依据最不利火灾场景着火点位置、仓库使用条件、通道不同设置设计出了模拟仓库防火分区的 12 种火灾场景。

■ 4.2 新旧仓库设置全封闭通道时防火分区研究

对新旧仓库防火分区的研究,直观上通过对新旧仓库间通道的不同设置来体现,故模拟时分为三种情况,分别为设置全封闭通道、半开敞通道、全开敞通道时火灾场景模拟分析。

对模拟结果则通过各个切片信息,如温度切片、CO 含量切片、CO_2 含量切片等与人员逃生安全标准数值对比,来反映火灾蔓延情况,确定防火分区的抗火性能,若其含量值低于临界值则认为此时安全,反之则认为此种情景下危险。人员安全评估标准临界值见表 4-3。

表 4-3　人员安全评估标准临界值

人员安全评估标准	临界值	超过(低于)临界值表现
2m 高度烟气温度	烟气层高度在 2m 及以上,平均温度不超过 180℃	人在疏散时则要从烟气中穿过或受到热烟气流的辐射热威胁
	烟气层高度在 2m 以下,平均温度不超过 60℃	此温度时人员可短时忍耐
CO	体积浓度 0.1%	机体缺氧窒息,造成代谢性酸中毒,严重者死亡

续表

人员安全评估标准	临界值	超过（低于）临界值表现
CO_2	体积浓度 5%	呼吸速率增加，导致毒气吸入速率增加，造成呼吸性酸中毒
能见度	10m	影响到人员安全撤出建筑物的能力

4.2.1　火灾场景设计

当新旧仓库间设置全封闭通道时，即将新旧仓库划分成一个防火分区，考虑仓库的使用情况和着火点位置共设计 4 种场景，即由上一节得到模拟仓库实际堆垛火灾情况的场景 1～场景 4，分别对各场景进行模拟。

4.2.2　开窗使用时火灾场景

1. 场景 1：着火点位于新仓库

场景 1 在最不利场景确定中已模拟过，它的燃烧情况如图 4-15～图 4-18 所示。其 CO 产生情况如图 4-25 所示。

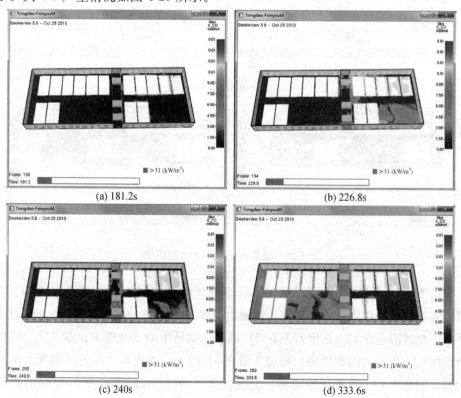

(a) 181.2s　　　　　　　　　　　　(b) 226.8s

(c) 240s　　　　　　　　　　　　(d) 333.6s

图 4-25　场景 1 仓库 CO 含量切片

由图 4-25 可以看出，当着火点位于新仓库时，在 181.2s 时新仓库的 CO 含量增多，着火堆垛附近达到 1%，但旧仓库 CO 普遍在 0.1% 以下，满足生命安全要求；在 226.8s 时，新仓库 CO 含量大面积增多，普遍含量在 0.06% 以上，着火堆垛附近达到 1%，旧仓库 CO 含量增多，但大部分均在 0.1% 以下，局部含量超过 0.1%；在 240s 时新仓库 CO 普遍超过 0.1%，超过生命安全标准临界值，此时旧仓库更多部分 CO 含量亦超过临界值；在 333.6s 时旧仓库 CO 含量普遍超过 0.1%，超过临界值，故此情景下新旧仓库不可作为一个防火分区。

CO_2 产生情况如图 4-26 所示。

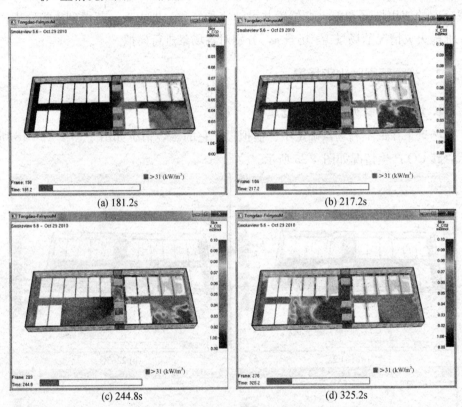

图 4-26　场景 1 仓库 CO_2 含量切片

由图 4-26 可以看出，当着火点位于新仓库时，在 181.2s 时新仓库的 CO_2 含量增多，着火堆垛附近 CO_2 浓度达到死亡浓度 10%，部分浓度达到 5%，超过临界值，此时旧仓库 CO_2 浓度普遍在 5% 以下，满足生命安全要求；在 217.2s 时，新仓库 CO_2 含量大面积增多，普遍含量在 5% 以上，着火堆垛附近达到死亡浓度 10%，旧仓库 CO_2 含量开始增多，但绝大部分均在 5% 以下；在 244.8s 时新仓库 CO_2 浓度均超过 5%，依然超过生命安全标准临界值，此时旧仓库 CO_2 浓度含量开始升高，普遍在 3% 左右，亦低于临界值；在 325.2s 时，旧仓库大部分堆垛均已被引燃，CO_2 含量快速增多，几乎整个旧仓库的 CO_2 浓度含量均超过 5%，超过临界值，故设置全封闭通道时，在开窗使用条件下，当着火点位于新仓库时火向旧仓库蔓延，其 CO_2 含量超过临界值，此情景下新旧仓库不可作为一个防火分区。

2m 高度处烟气温度情况如图 4-27 所示。

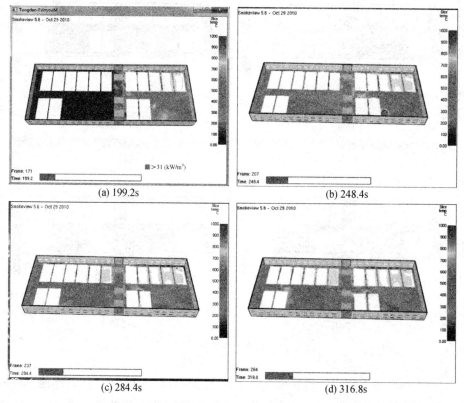

(a) 199.2s　(b) 248.4s
(c) 284.4s　(d) 316.8s

图 4-27　场景 1 仓库 2m 高度处烟气温度切片

由图 4-27 可以看出，当着火点位于新仓库时，在 199.2s 时，新仓库温度上升，大部分温度在 500℃ 左右，着火堆垛附近即火焰处温度较高，达到 800℃，旧仓库温度上升不明显，温度均在 200℃ 以下，低于临界值；在 248.4s 时，新仓库温度继续保持高温，普遍 500℃ 左右，高于临界值，随着新仓库燃烧程度剧烈以及蔓延至旧仓库，导致旧仓库可燃物参与燃烧，故旧仓库温度上升，普遍 200℃，达到临界值；在 284.4s 时，随着旧仓库参与燃烧的可燃物增多，旧仓库温度持续上升，普遍 600℃ 左右，高于生命安全临界温度值；在 316.8s 时，旧仓库温度进一步上升，普遍 700℃ 左右，高于临界值，故设置全封闭通道时，在开窗使用条件下，当着火点位于新仓库时火向旧仓库蔓延，旧仓库 2m 高度处烟气温度超过临界值，此情景下新旧仓库不可作为一个防火分区。

2m 高度烟气能见度情况如图 4-28 所示。

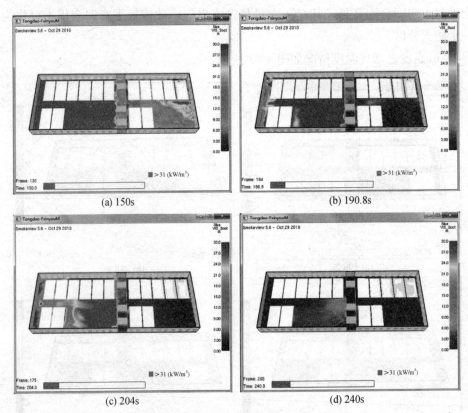

(a) 150s   (b) 190.8s

(c) 204s   (d) 240s

图 4-28　场景 1 仓库能见度切片

由图 4-28 可以看出，当着火点位于新仓库时，在 150s 时，新仓库能见度降低，但普遍高于临界值 10m，只有极少部分能见度低于临界值，此时旧仓库能见度几乎未曾下降，均保持在 30m 左右，高于临界值，方便人员逃生；在 190.8s 时，随着燃烧和产烟量的增多，新仓库能见度进一步降低，绝大部分新仓库能见度均低于临界值 10m，由于烟气蔓延至旧仓库，导致其能见度局部开始降低，但绝大部分烟气能见度均在临界值以上；在 204s 时，随着旧仓库可燃物参与燃烧产生烟气，旧仓库部分能见度开始明显降低，一部分降低至 10m 以下；在 240s 时，旧仓库能见度再一步降低，普遍不足 6m，均低于临界值，不利于人员逃生，故设置全封闭通道时，在开窗使用条件下，当着火点位于新仓库时火向旧仓库蔓延，旧仓库 2m 高度处能见度低于临界值，此情景下新旧仓库不可作为一个防火分区。

2. 场景 2：着火点位于旧仓库

场景 2 即设置全封闭通道在开窗使用前提下，着火点位于旧仓库左侧一角，燃烧情况如图 4-29 所示。

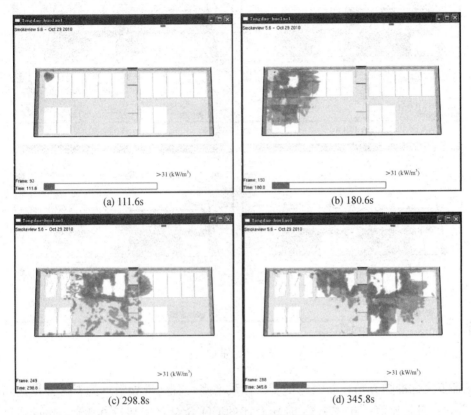

图 4-29　场景 2 仓库燃烧情况

由图 4-29 可以看出，当着火点位于旧仓库时，在 111.6s 时，火将第一堆聚丙烯引燃，随着参与燃烧的可燃物含量增多，火势开始扩大，在 180s 时火势蔓延至附近几个堆垛，燃烧剧烈，随着燃烧的进行，火势继续向周围堆垛蔓延，在 298.8s 时蔓延至新仓库，随着燃烧的继续，新仓库火势扩大，最终达到轰燃状态。

其 CO 产生情况如图 4-30 所示。

由图 4-30 可以看出，当着火点位于旧仓库时，在 183.6s 时旧仓库的 CO 含量增多，着火堆垛附近达到 1%，但新仓库的 CO 含量普遍在 0.1% 以下，满足生命安全要求；在 280.8s 时，旧仓库的 CO 含量大面积增多，普遍含量在 0.06% 以上，着火堆垛附近达到 1%，新仓库的 CO 含量增多，但均在 0.1% 以下，满足生命安全要求；在 343.2s 时旧仓库的 CO 含量普遍超过 0.1%，超过

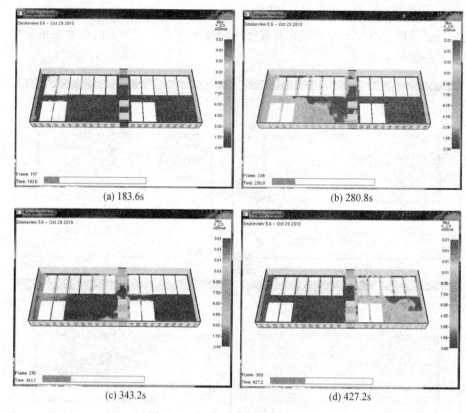

(a) 183.6s   (b) 280.8s

(c) 343.2s   (d) 427.2s

图 4-30　场景 2 仓库 CO 含量切片

生命安全标准临界值，新仓库的 CO 含量增多，着火堆垛附近的 CO 含量达到 1%，超过临界值；在 427.2s 时新仓库的 CO 含量普遍超过 0.1%，超过临界值，故设置全封闭通道时，在开窗使用条件下，当着火点位于旧仓库时火向新仓库蔓延，新仓库的 CO 含量超过临界值，此情景下新旧仓库不可作为一个防火分区。

CO_2 产生情况如图 4-31 所示。

由图 4-31 可以看出，当着火点位于旧仓库时，在 188.4s 时旧仓库的 CO_2 含量增多，着火堆垛附近的 CO_2 浓度达到死亡浓度 10%，部分浓度达到 5%，超过临界值，此时，新仓库的 CO_2 浓度普遍在 5% 以下，满足生命安全要求；在 238.8s 时，旧仓库的 CO_2 含量大面积增多，普遍含量在 5% 以上，着火堆垛附近达到死亡浓度 10%，此时新仓库的 CO_2 含量开始增多，但绝大部分均在 5% 以下；在 356.4s 时旧仓库的 CO_2 浓度均超过 5%，依然超过生命安全标准临界值，此时新仓库的 CO_2 浓度含量也升高，部分达到 5% 左右；在 457.2s 时，新仓库大部分堆垛均已被引燃，CO_2 含量普遍快速增多，几乎整个新仓库的 CO_2 浓度含

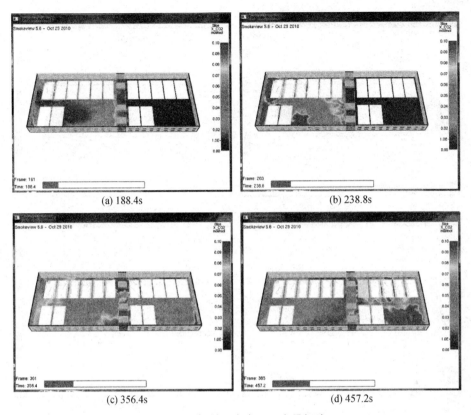

(a) 188.4s

(b) 238.8s

(c) 356.4s

(d) 457.2s

图 4-31　场景 2 仓库 CO_2 含量切片

量均超过 5% ，超过临界值，故设置全封闭通道时，在开窗使用条件下，当着火点位于旧仓库时火向新仓库蔓延，新仓库的 CO_2 含量超过临界值，此情景下新旧仓库不可作为一个防火分区。

2m 高度处烟气温度情况如图 4-32 所示。

由图 4-32 可以看出，当着火点位于旧仓库时，在 188.4s 时旧仓库温度上升普遍为 300℃ ，新仓库温度上升不明显，温度均在 200℃ 以下，低于临界值；在 238.8s 时旧仓库温度升高，大部分为 600℃ ，着火堆垛附近即火焰处温度更高，新仓库温度继续上升，但均保持在 200℃ 以下，低于临界值；在 381.6s 时，随着火灾蔓延至新仓库导致新仓库可燃物参与燃烧，故新仓库温度明显上升，普遍 500℃ 左右，着火堆垛附近温度更高，绝大部分温度均高于临界值；在 410.4s 时，随着新仓库可燃物继续燃烧，其温度持续升高，大部分温度达到 600℃ ，火焰周围温度更高，均高于临界值 200℃ ，故设置全封闭通道时，在开窗使用条件下，当着火点位于旧仓库时火向新仓库蔓延，新仓库 2m 高度处烟气温度超过临界值，此情景下新旧仓库不可作为一个防火分区。

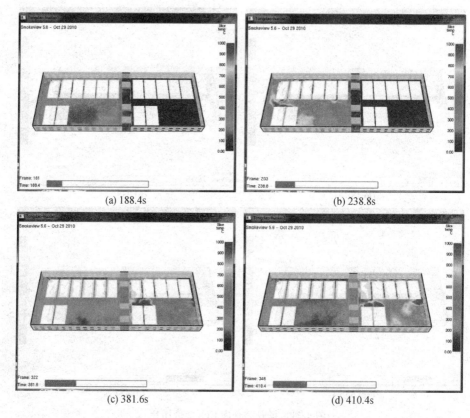

(a) 188.4s

(b) 238.8s

(c) 381.6s

(d) 410.4s

图 4-32　场景 2 仓库 2m 高度处烟气温度切片

2m 高度烟气能见度情况如图 4-33 所示。

由图 4-33 可以看出，当着火点位于旧仓库时，在 150s 时，旧仓库能见度降低，但普遍高于临界值 10m，只有极少部分能见度低于临界值，此时新仓库能见度几乎未曾下降，均保持在 30m 左右，高于临界值，方便人员逃生；在 183.6s 时，随着燃烧和产烟量的增多，旧仓库能见度进一步降低，绝大部分新仓库能见度均低于临界值 10m，由于烟气蔓延至旧仓库，导致其能见度局部开始降低，但烟气能见度均在临界值以上；在 247.2s 时，随着旧仓库可燃物参与燃烧产生烟气，旧仓库能见度普遍低于临界值 10m，新仓库能见度也开始降低，局部低于临界值；在 364.8s 时，新仓库能见度再一步降低，普遍不足 6m，低于临界值，不利于人员逃生，故设置全封闭通道时，在开窗使用条件下，当着火点位于旧仓库时，烟气向新仓库蔓延，新仓库 2m 高度处能见度低于临界值，此情景下新旧仓库不可作为一个防火分区。

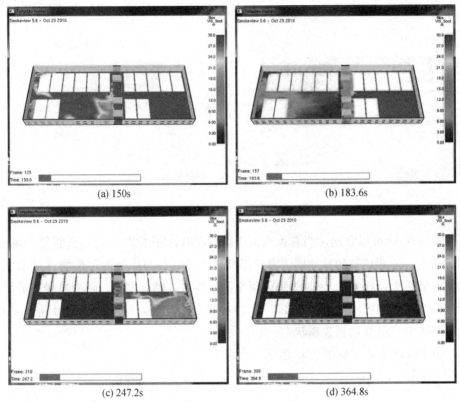

(a) 150s

(b) 183.6s

(c) 247.2s

(d) 364.8s

图 4-33 场景 2 仓库能见度切片

4.2.3 关窗使用时火灾场景

1. 场景 3：着火点位于新仓库

场景 3 即设置全封闭通道在关窗使用前提下，着火点位于新仓库右侧第一堆中间，模拟结果如图 4-34 所示。

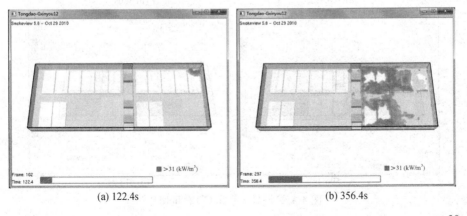

(a) 122.4s

(b) 356.4s

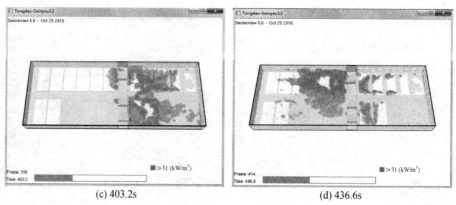

(c) 403.2s   (d) 436.6s

图 4-34　场景 3 仓库燃烧情况

由图 4-34 可以看出，当着火点位于新仓库时，在 122.4s 时，火将第一堆聚丙烯引燃，随着热量的释放周围窗户逐渐被打开，参与燃烧的可燃物含量增多，火势开始扩大，在 356.4s 时火势蔓延至附近堆垛，燃烧剧烈，随着燃烧的进行，火势继续向周围堆垛蔓延，在 403.2s 时蔓延至旧仓库，随着燃烧的继续，旧仓库火势扩大，最终达到轰燃状态。

其 CO 产生情况如图 4-35 所示。

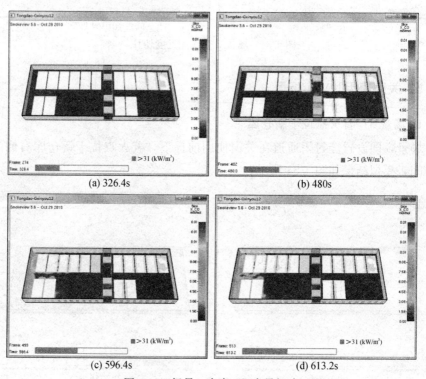

(a) 326.4s   (b) 480s

(c) 596.4s   (d) 613.2s

图 4-35　场景 3 仓库 CO 含量切片

由图 4-35 可以看出，当着火点位于新仓库时，在 326.4s 时新仓库的 CO 含量增多，着火堆垛附近的 CO 浓度达到 1%，但旧仓库的 CO 含量普遍在 0.1% 以下，满足生命安全要求；在 480s 时，新仓库的 CO 含量大面积增多，普遍含量在 0.1% 以上，旧仓库的 CO 含量增多，但大部分均在 0.1% 以下，局部含量超过 0.1%；在 596.4s 时旧仓库的 CO 浓度含量普遍超过 0.1%，高于生命安全标准临界值；在 613.2s 时旧仓库的 CO 浓度含量亦普遍超过 0.1%，超过临界值，故设置全封闭通道时，在关窗使用条件下，当着火点位于新仓库时火向旧仓库蔓延，旧仓库的 CO 含量超过临界值，此情景下新旧仓库不可作为一个防火分区。

CO_2 产生情况如图 4-36 所示。

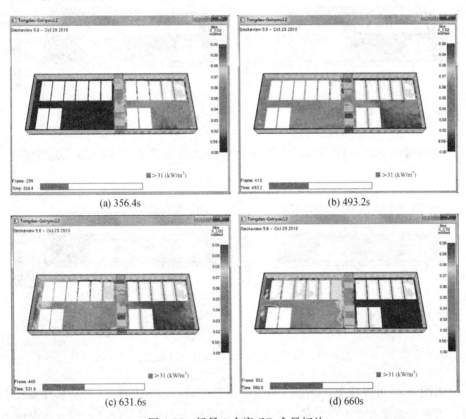

(a) 356.4s

(b) 493.2s

(c) 631.6s

(d) 660s

图 4-36　场景 3 仓库 CO_2 含量切片

由图 4-36 可以看出，当着火点位于新仓库时，在 356.4s 时新仓库的 CO_2 含量增多，着火堆垛附近的 CO_2 浓度达到死亡浓度 10%，部分浓度达到 5%，超过临界值，此时旧仓库的 CO_2 浓度普遍在 5% 以下，满足生命安全要求；在 493.2s 时，由于火蔓延至旧仓库，故旧仓库的 CO_2 含量增多，着火堆垛附近达到 9%，部分低于 5%；在 631.6s 时，旧仓库的 CO_2 浓度含量持续升高，普遍在 5% 左右，局部达到 8%，高于临界值；在 660s 时，旧仓库大部分堆垛均已被引燃，CO_2 含量快速增多，几乎整个旧仓库的 CO_2 浓度含量均超过 5%，超过临界值，故设置全封闭通道时，在关窗使用条件下，当着火点位于新仓库时火向旧仓库蔓延，旧仓库的 CO_2 含量超过临界值，此情景下新旧仓库不可作为一个防火分区。

2m 高度处烟气温度情况如图 4-37 所示。

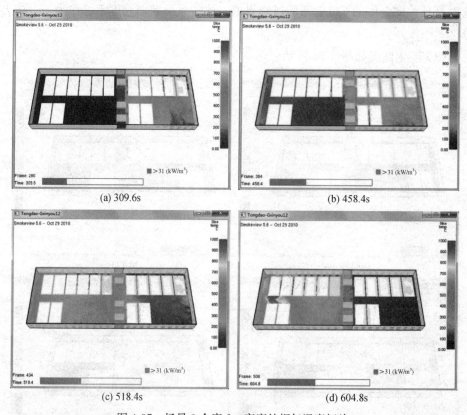

(a) 309.6s

(b) 458.4s

(c) 518.4s

(d) 604.8s

图 4-37　场景 3 仓库 2m 高度处烟气温度切片

由图 4-37 可以看出，当着火点位于新仓库时，在 309.6s 时，新仓库温度上升，大部分温度在 250℃ 左右，着火堆垛附近即火焰处温度较高，旧仓库温度上升不明显，2m 高度处烟气温度均在 200℃ 以下，低于临界值；在 458.4s 时，新仓库温度继续保持高温，普遍高于临界值，随着新仓库燃烧程度剧烈以及蔓延至旧仓库，导致旧仓库可燃物参与燃烧，故旧仓库温度上升，明显升高，但大部分均未达到 200℃，低于临界值；在 518.4s 时，随着旧仓库参与燃烧的可燃物增多，旧仓库温度持续上升，普遍 300℃ 左右，高于生命安全临界温度值；在

604.8s 时，旧仓库温度再一步上升，普遍 500℃左右，亦高于临界值，故设置全封闭通道时，在关窗使用条件下，当着火点位于新仓库时火向旧仓库蔓延，旧仓库 2m 高度处烟气温度超过临界值，此情景下新旧仓库不可作为一个防火分区。

2m 高度烟气能见度情况如图 4-38 所示。

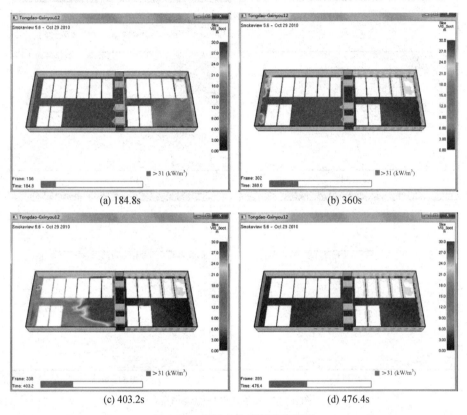

(a) 184.8s

(b) 360s

(c) 403.2s

(d) 476.4s

图 4-38　场景 3 仓库能见度切片

由图 4-38 可以看出，当着火点位于新仓库时，在 184.8s 时，新仓库能见度因为燃烧产生烟气而下降大，一部分低于 10m，低于临界值，此时旧仓库能见度几乎未曾下降，均保持在 30m 左右，高于临界值，方便人员逃生；在 360s 时，新仓库能见度普遍降低，均低于临界值 10m，随着燃烧和产烟量的增多，旧仓库能见度下降至 12m，高于临界值；在 403.2s，随着旧仓库可燃物参与燃烧产生烟气，旧仓库部分能见度开始明显降低，一部分降低至 10m 以下，大部分均高于临界值；在 476.4s 时，旧仓库能见度再一步降低，普遍不足 10m，低于临界值，不利于人员逃生，故设置全封闭通道时，在关窗使用条件下，当着火点位于新仓库时火向旧仓库蔓延，旧仓库 2m 高度处能见度低于临界值，此情景下新旧仓库不可作为一个防火分区。

2. 场景 4：着火点位于旧仓库

场景 4 即设置全封闭通道在关窗使用前提下，着火点位于旧仓库左侧第一堆一角，模拟结果如图 4-39 所示。

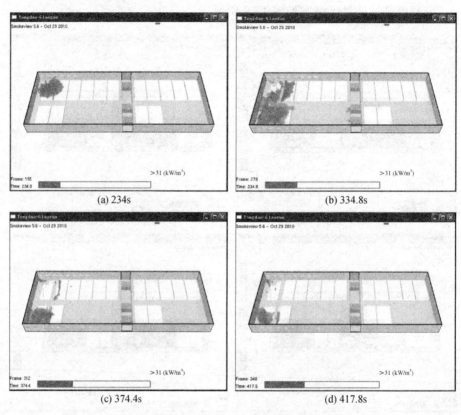

(a) 234s

(b) 334.8s

(c) 374.4s

(d) 417.8s

图 4-39　场景 4 仓库燃烧情况

由图 4-39 可以看出，当着火点位于旧仓库时，在 234s 时，火将第一堆聚丙烯引燃，随着热量的释放周围窗户逐渐被打开，随着参与燃烧的可燃物含量增多，火势开始扩大，在 334.8s 时火势蔓延至附近堆垛，燃烧剧烈，但由于场所为受限燃烧，随着氧气含量减少，供氧量不足而燃烧缓慢，火势下降，最终熄灭，此场景下火灾并未从旧仓库向新仓库蔓延。

CO 产生情况如图 4-40 所示。

由图 4-40 可以看出，当着火点位于旧仓库时，在 232.8s 时旧仓库的 CO 含量增多，着火堆垛附近达到 1%，但新仓库的 CO 含量普遍在 0.1% 以下，满足生命安全要求；在 297.6s 时，旧仓库因为火向附近堆垛蔓延燃烧 CO 含量继续增多，火源部分超过临界值，新仓库的 CO 含量均在 0.1% 以下，满足生命安全

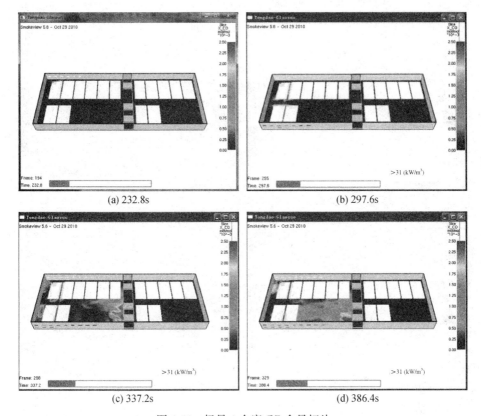

图 4-40　场景 4 仓库 CO 含量切片

要求；在 337.2s 时旧仓库的 CO 含量持续增多，随着参与燃烧的可燃物含量的增多，大部分 CO 含量普遍超过 0.1%，高于生命安全标准临界值，但新仓库的 CO 含量始终未达到 0.1%，低于临界值；在 386.4s 时，旧仓库的 CO 含量普遍超过 0.1%，但新仓库的 CO 浓度始终未达到临界值，故设置全封闭通道时，在关窗使用条件下，当着火点位于旧仓库时，火未向新仓库蔓延，新仓库的 CO 含量低于临界值。

CO_2 产生情况如图 4-41 所示。

由图 4-41 可以看出，当着火点位于旧仓库时，在 254.4s 时旧仓库的 CO_2 含量增多，大部分浓度达到 1%，个别部分即堆垛附近 CO_2 浓度含量达到 6%，超过临界值，此时，新仓库的 CO_2 浓度普遍很低，满足生命安全要求；在 333.6s 时，旧仓库的 CO_2 含量大面积增多，普遍含量在 5% 以上，着火堆垛附近达到 7%，此时新仓库的 CO_2 含量开始增多，但均在 5% 以下；在 644.4s 时，随着旧仓库可燃物的减少，旧仓库的 CO_2 浓度含量开始降低，均超过低于 5%，此时新仓库的 CO_2 浓度含量依然低于 5%，满足生命安全要求，同样，在 768s 时，新

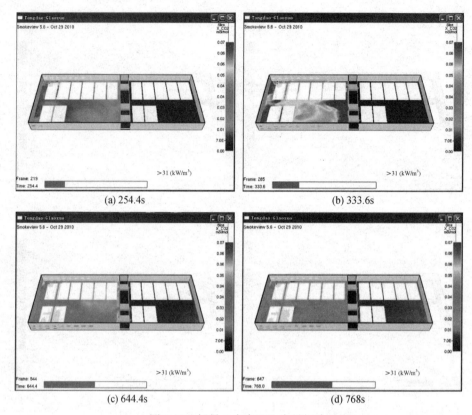

图 4-41　场景 4 仓库 CO_2 含量切片

仓库的 CO_2 浓度含量增多，但整个新仓库的 CO_2 浓度含量均未达到 5%，低于临界值，故设置全封闭通道时，在关窗使用条件下，当着火点位于旧仓库时，火未向新仓库蔓延，新仓库的 CO_2 含量低于临界值。

2m 高度处烟气温度情况如图 4-42 所示。

由图 4-42 可以看出，当着火点位于旧仓库时，在 246s 时旧仓库温度上升，大部分 2m 高度处温度均高于 155℃，新仓库温度上升不明显，温度均在 200℃以下，低于临界值；在 302.4s 时旧仓库温度明显升高，大部分达到 290℃，着火堆垛附近即火焰处温度更高，达到 480℃，新仓库温度继续上升，但均保持在 200℃以下，低于临界值；在 344.4s 时，随着旧仓库可燃物的燃烧，旧仓库温度继续上升，普遍达到 300℃，但新仓库温度上升依然不明显，普遍低于 200℃，低于临界值；在 482.4s 时，随着参与旧仓库燃烧的可燃物量减少，其温度开始下降，整个过程中，新仓库 2m 高度处烟气温度始终未达到临界值 200℃，故设置全封闭通道时，在关窗使用条件下，当着火点位于旧仓库时，火未向新仓库蔓延，新仓库 2m 高度处烟气温度亦未超过临界值，此情景下新旧仓库可作为一

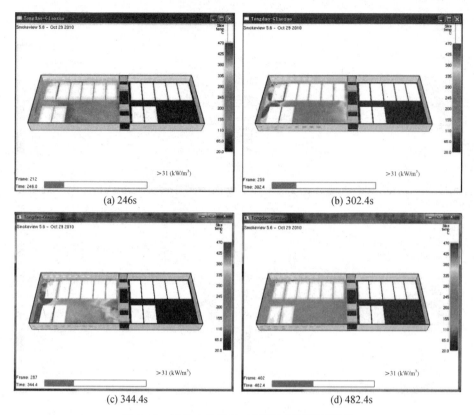

(a) 246s   (b) 302.4s

(c) 344.4s   (d) 482.4s

图 4-42 场景 4 仓库 2m 高度处烟气温度切片

个防火分区。

2m 高度烟气能见度情况如图 4-43。

由图 4-43 可以看出，当着火点位于旧仓库时，在 188.4s 时，旧仓库能见度降低，但普遍高于临界值 10m，只有极少部分能见度低于临界值，此时新仓库能见度几乎未曾下降，均保持在 30m 左右，高于临界值，方便人员逃生；在 241.2s 时，随着燃烧和产烟量的增多，旧仓库能见度进一步降低，绝大部分旧仓库能见度低于临界值 10m，新仓库能见度局部开始降低，但烟气能见度均在临界值以上；在 469.2s 时，随着旧仓库可燃物参与燃烧产生烟气，旧仓库能见度普遍低于临界值 10m，新仓库能见度也开始降低，但大部分高于临界值；在 513.6s 时，新仓库能见度再一步降低，但依然高于临界值 10m，故设置全封闭通道时，在关窗使用条件下，当着火点位于旧仓库时，火未向新仓库蔓延，烟气亦未向新仓库蔓延，新仓库 2m 高度处能见度高于临界值，此情景下新旧仓库可作为一个防火分区。

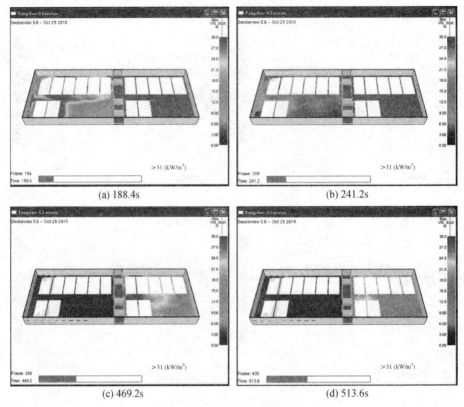

(a) 188.4s (b) 241.2s

(c) 469.2s (d) 513.6s

图 4-43 场景 4 仓库能见度切片

4.2.4 小结

由场景 1～场景 4 模拟结果分析可知，当新旧仓库间设置全封闭通道将新旧仓库作为一个防火分区时，每一个场景下火灾均发生蔓延，由此可知，在仓库目前实际堆垛下，新旧仓库间不可设置全封闭通道作为一个防火分区使用。若必须在二者之间设置全封闭通道作为一个仓库使用则需采取其他堆垛方式。

■ 4.3 新旧仓库设置半开敞通道时防火分区研究

4.3.1 火灾场景设计

当新旧仓库间设置半开敞通道时，即新旧仓库之间只有三个顶棚将其相连，在考虑仓库的使用情况和着火点位置后共设计 4 种场景，即场景 5～场景 8，分别对各场景进行模拟，模拟结果将在以下分别介绍。

4.3.2　开窗使用时火灾场景模拟分析

1. 场景5：着火点位于新仓库

场景5即设置半开敞通道在开窗使用前提下，着火点位于新仓库右侧第一堆中间时，燃烧情况如图4-44所示。

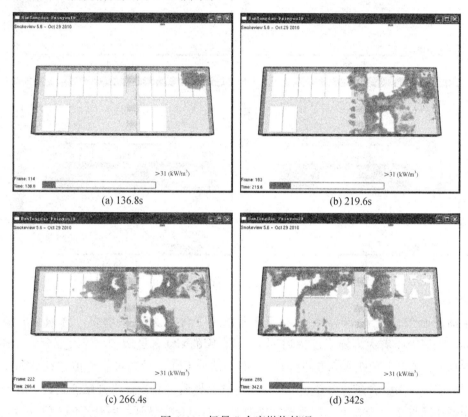

(a) 136.8s　　　　　　　　　(b) 219.6s

(c) 266.4s　　　　　　　　　(d) 342s

图4-44　场景5仓库燃烧情况

由图4-44可以看出，当着火点位于新仓库时，在136.8s时，火向周围堆垛蔓延，随着参与燃烧的可燃物含量增多，火势开始扩大；在219.6s时新仓库剧烈燃烧达到轰燃，此时并未将旧仓库堆垛引燃；随着燃烧热量的释放，火势开始蔓延，在266.4s时火灾蔓延至旧仓库，随着燃烧的继续，旧仓库火势扩大，最终达到轰燃状态。

CO产生情况如图4-45所示。

由图4-45可以看出，当着火点位于新仓库时，在158.4s时新仓库的CO含量增多，着火堆垛附近达到1%，但旧仓库的CO含量普遍在0.1%以下，满足

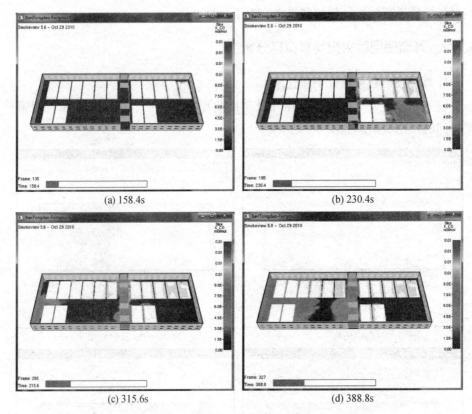

图 4-45   场景 5 仓库 CO 含量切片

生命安全要求；在 230.4s 时，新仓库的 CO 含量大面积增多，普遍含量在 0.01% 以上，着火堆垛附近达到 1%，旧仓库的 CO 含量增多，但大部分均在临界值 0.1% 以下；在 315.6s 时旧仓库更多部分 CO 含量超过临界值；在 388.8s 时旧仓库的 CO 含量普遍超过 0.1%，超过临界值，故设置半开敞通道时，在开窗使用条件下，当着火点位于新仓库时，火向旧仓库蔓延，旧仓库的 CO 含量超过临界值，此情景下新旧仓库不可作为一个防火分区。

CO_2 产生情况如图 4-46 所示。

由图 4-46 可以看出，当着火点位于新仓库时，在 183.6s 时新仓库的 CO_2 含量增多，着火堆垛附近的 CO_2 浓度超过临界值，此时旧仓库的 CO_2 浓度普遍在 5% 以下，满足生命安全要求；在 243.6s 时，新仓库的 CO_2 含量大面积增多，普遍含量在 5% 以上，着火堆垛附近达到死亡浓度 10%，旧仓库的 CO_2 含量开始增多，但绝大部分均在 5% 以下；在 302.4s 时旧仓库的 CO_2 浓度含量开始升高，普遍在 3% 左右，亦低于临界值；在 405.6s 时，旧仓库大部分堆垛均已被引燃，CO_2 含量快速增多，几乎整个旧仓库的 CO_2 浓度含量均超过 5%，超过临界值，

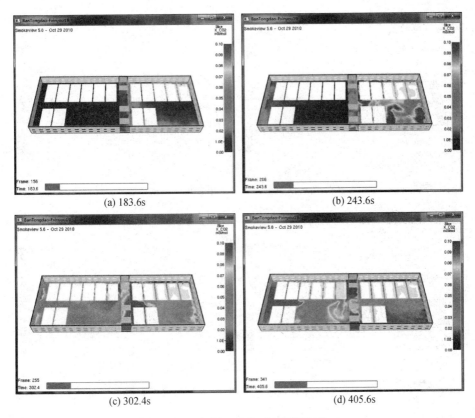

(a) 183.6s

(b) 243.6s

(c) 302.4s

(d) 405.6s

图 4-46　场景 5 仓库 CO_2 含量切片

故设置半开敞通道时，在开窗使用条件下，当着火点位于新仓库时，火向旧仓库蔓延，旧仓库的 CO_2 含量超过临界值，此情景下新旧仓库不可作为一个防火分区。

2m 高度处烟气温度情况如图 4-47 所示。

由图 4-47 可以看出，在设置半开敞通道开窗前提下，当着火点位于新仓库时，在 230.4s 时，新仓库温度上升，大部分温度在 500℃ 左右，着火堆垛附近即火焰处温度较高，旧仓库温度上升不明显，温度均在 200℃ 以下，低于临界值；在 282s 时，新仓库温度继续保持高温，普遍在 500℃ 左右，高于临界值，随着新仓库燃烧程度剧烈以及蔓延至旧仓库，导致旧仓库可燃物参与燃烧，故旧仓库温度上升，普遍 200℃ 左右，达到临界值；在 392.4s 时，随着旧仓库参与燃烧的可燃物增多，旧仓库温度持续上升，普遍 500℃ 左右，高于生命安全临界温度值；在 529.2s 时，旧仓库温度再一步上升，高于临界值，故设置半开敞通道时，在开窗使用条件下，当着火点位于新仓库时，火向旧仓库蔓延，旧仓

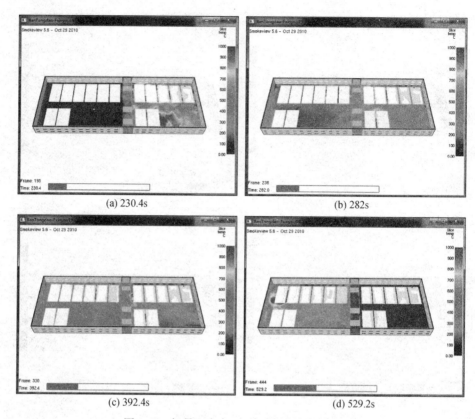

(a) 230.4s   (b) 282s

(c) 392.4s   (d) 529.2s

图 4-47　场景 5 仓库 2m 高度处烟气温度切片

库 2m 高度处烟气温度超过临界值，此情景下新旧仓库不可作为一个防火分区。

2m 高度烟气能见度情况如图 4-48 所示。

由图 4-48 可以看出，在设置半开敞通道开窗前提下，当着火点位于新仓库时，在 158.4s 时，新仓库能见度降低，但普遍高于临界值 10m，只有极少部分能见度低于临界值，此时旧仓库能见度几乎未曾下降，均保持在 30m 左右，高于临界值，方便人员逃生；在 205.2s 时，随着燃烧和产烟量的增多，新仓库能见度进一步降低，均低于临界值 10m，由于烟气蔓延至旧仓库，导致其能见度局部开始降低，但在临界值以上；在 238.8s 时，随着旧仓库可燃物参与燃烧产生烟气，旧仓库部分能见度开始明显降低，一部分降低至 10m 以下；在 307.2s 时，旧仓库能见度再一步降低，普遍不足 6m，低于临界值，不利于人员逃生，故设置半开敞通道时，在开窗使用条件下，当着火点位于新仓库时，火向旧仓库蔓延，旧仓库 2m 高度处能见度低于临界值，此情景下新旧仓库不可作为一个防火分区。

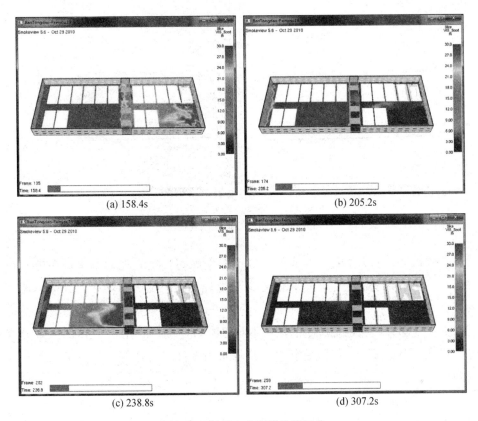

(a) 158.4s

(b) 205.2s

(c) 238.8s

(d) 307.2s

图 4-48 场景 5 仓库能见度切片

2. 场景 6：着火点位于旧仓库

场景 6 即设置半开敞通道在开窗前提下，着火点位于旧仓库左侧侧第一堆一角时，燃烧情况如图 4-49 所示。

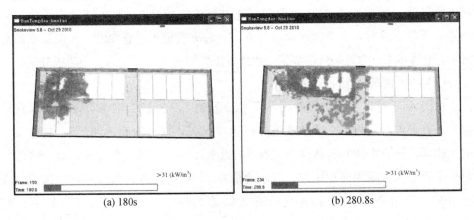

(a) 180s

(b) 280.8s

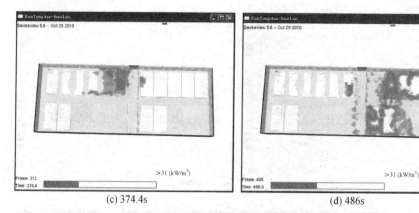

(c) 374.4s   (d) 486s

图 4-49   场景 6 仓库燃烧情况

由图 4-49 可以看出，当着火点位于旧仓库时，火先将周围堆垛引燃，在180s 时，火在旧仓库迅速扩散，随着参与燃烧的可燃物含量增多，火势迅速扩大，在 280.8s 时火势蔓延至旧仓库几乎每一个堆垛，燃烧剧烈，随着燃烧的进行，火在一部分堆垛燃烧产生的热量不足以维持燃烧，故在 374.4s 时一部分堆垛火熄灭，火势减小，但随着新仓库堆垛被引燃亦参与燃烧，故火又在新仓库剧烈燃烧，新仓库最终达到轰燃状态。

CO 产生情况如图 4-50 所示。

由图 4-50 可以看出，当着火点位于旧仓库时，在 171.6s 时旧仓库的 CO 含量增多，着火堆垛附近达到 1%，但新仓库的 CO 含量普遍在 0.1%以下，满足生命安全要求；在 264s 时，旧仓库的 CO 含量大面积增多，普遍含量在 0.1%以上，着火堆垛附近达到 1%，新仓库的 CO 含量增多，但均在 0.1%以下，满足生命安全要求；在 434.4s 时新仓库的 CO 含量增多，大部分含量达到 1%，超过临界值；在 514.8s 时新仓库的 CO 含量普遍超过 0.1%，超过临界值，故设置半开敞通道时，在开窗使用条件下，当着火点位于旧仓库时，火向新仓库蔓延，新仓库的 CO 含量超过临界值，此情景下新旧仓库不可作为一个防火分区。

CO_2 产生情况如图 4-51 所示。

由图 4-51 可以看出，当着火点位于旧仓库时，在 192s 时旧仓库的 CO_2 含量增多，着火堆垛附近的 CO_2 浓度更高，达到 10%，部分浓度达到 5%，超过临界值，此时，新仓库的 CO_2 浓度普遍在 5%以下，满足生命安全要求；在 288s 时，旧仓库的 CO_2 含量大面积增多，普遍含量在 5%以上，着火堆垛附近达到死亡浓度 10%，此时新仓库的 CO_2 含量开始增多，但绝大部分均在 5%以下；在 410.4s 时新仓库的 CO_2 浓度含量也升高，部分达到 5%左右；在 484.8s 时，新

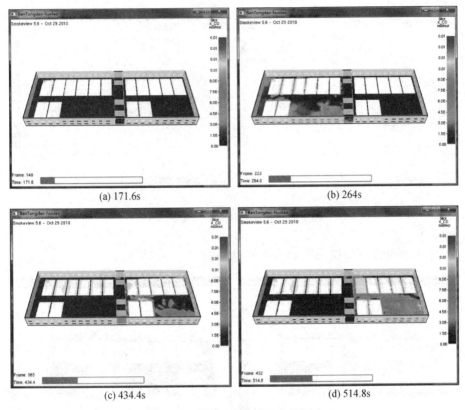

(a) 171.6s

(b) 264s

(c) 434.4s

(d) 514.8s

图 4-50 场景 6 仓库 CO 含量切片

仓库大部分堆垛均已被引燃，CO_2 含量快速增多，几乎整个新仓库的 CO_2 浓度含量均超过 5%，超过临界值，故设置半开敞通道时，在开窗使用条件下，当着火点位于旧仓库时，火向新仓库蔓延，新仓库的 CO_2 含量超过临界值，此情景下新旧仓库不可作为一个防火分区。

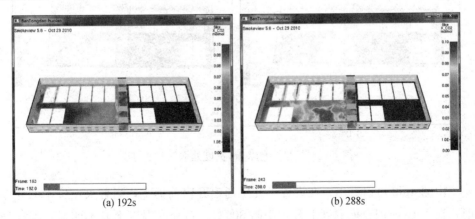

(a) 192s

(b) 288s

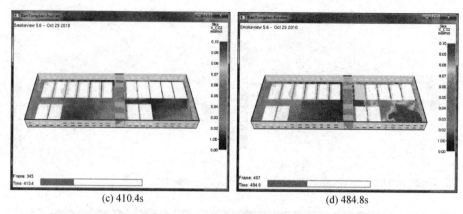

(c) 410.4s (d) 484.8s

图 4-51　场景 6 仓库 CO_2 含量切片

2m 高度处烟气温度情况如图 4-52 所示。

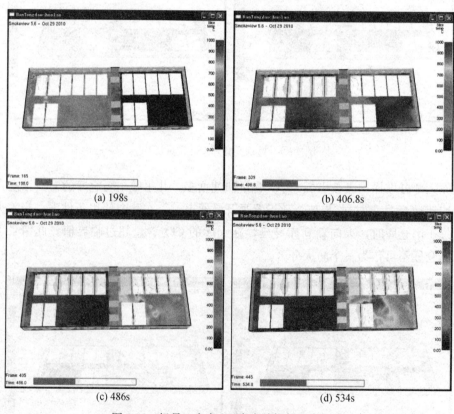

(a) 198s (b) 406.8s

(c) 486s (d) 534s

图 4-52　场景 6 仓库 2m 高度处烟气温度切片

由图 4-52 可以看出，在设置半开敞通道开窗前提下，当着火点位于旧仓库时，在 198s 时旧仓库温度上升，普遍 300℃，新仓库温度上升不明显，温度均在200℃以下，低于临界值；在406.8s时，新仓库温度上升，但均保持在200℃以下，低于临界值；在486s时，随着参与燃烧的可燃物增多，新仓库温度明显上升，普遍500℃左右，着火堆垛附近温度更高，绝大部分温度均高于临界值；在534s时，随着新仓库可燃物继续燃烧，其温度持续升高，大部分温度达到600℃，火焰周围温度更高，高于临界值200℃，故设置半开敞通道时，在开窗使用条件下，当着火点位于旧仓库时，火向新仓库蔓延，新仓库2m高度处烟气温度超过临界值，此情景下新旧仓库不可作为一个防火分区。

2m高度烟气能见度情况如图4-53所示。

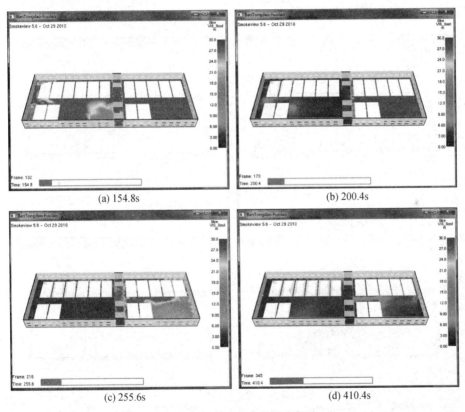

(a) 154.8s   (b) 200.4s

(c) 255.6s   (d) 410.4s

图4-53 场景6仓库能见度切片

由图4-53可以看出，当着火点位于旧仓库时，在154.8s时，旧仓库能见度降低，但普遍高于临界值10m，只有极少部分能见度低于临界值，此时新仓库能见度几乎未曾下降，均保持在30m左右，高于临界值，方便人员逃生；在200.4s时，随着燃烧和产烟量的增多，旧仓库能见度进一步降低，均低于临界值10m，由于烟气蔓延至新仓库，导致其能见度局部开始降低，但烟气能见度均在临界值以上；在255.6s时，新仓库能见度继续降低，局部低于临界值；在

81

410.4s 时，新仓库能见度再一步降低，普遍不足 6m，低于临界值，不利于人员逃生，故设置半开敞通道时，在开窗使用条件下，当着火点位于旧仓库时，烟气向新仓库蔓延，新仓库 2m 高度处能见度低于临界值，此情景下新旧仓库不可作为一个防火分区。

4.3.3 关窗使用时火灾场景

1. 场景 7：着火点位于新仓库

场景 7 即设置半开敞通道在关窗使用前提下，着火点位于新仓库右侧第一堆中间时，燃烧情况如图 4-54 所示。

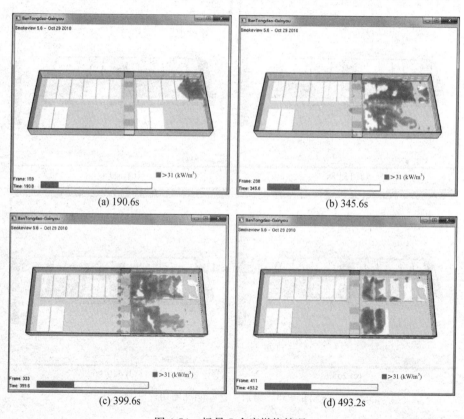

(a) 190.6s

(b) 345.6s

(c) 399.6s

(d) 493.2s

图 4-54　场景 7 仓库燃烧情况

由图 4-54 可以看出，当着火点位于新仓库时，在 190.6s 时，火将第一堆聚丙烯引燃，并向第二堆扩散，随着温度的升高，周围窗户逐渐被打开，形成新的通风口，氧气含量增加，参与燃烧的可燃物含量增多，火势开始扩大，在 345.6s 时，火在新仓库剧烈燃烧，达到轰燃，但并未引燃旧仓库，在 399.6s 时火在新仓库持续猛烈燃烧，亦未引燃旧仓库，在 493.2s 时新仓库火势减小直至熄灭，至始至终均未向旧仓库蔓延。

CO 产生情况如图 4-55 所示。

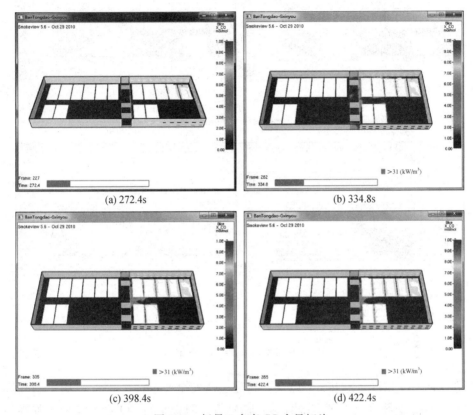

(a) 272.4s

(b) 334.8s

(c) 398.4s

(d) 422.4s

图 4-55　场景 7 仓库 CO 含量切片

由图 4-55 可以看出，当着火点位于新仓库时，在 272.4s 时新仓库的 CO 含量增多，但旧仓库的 CO 含量普遍在 0.1% 以下，满足生命安全要求；在 334.8s 时，新仓库的 CO 含量大面积增多，普遍含量在 0.1% 以上，旧仓库的 CO 含量增多，但大部分均在 0.1% 以下；在 398.4s 时，新仓库的 CO 浓度略微下降，但高于生命安全标准临界值，旧仓库的 CO 浓度上升不明显，在临界值以下；在 422.4s 时旧仓库的 CO 浓度含量亦低于临界值 0.1%，故设置半开敞通道时，在关窗使用条件下，当着火点位于新仓库时，火未向旧仓库蔓延，旧仓库的 CO 含量未达到临界值，此情景下新旧仓库可作为一个防火分区。

CO_2 产生情况如图 4-56 所示。

由图 4-56 可以看出，当着火点位于新仓库时，在 178.8s 时新仓库的 CO_2 含量增多，着火堆垛附近的 CO_2 浓度较高，部分浓度达到 5%，超过临界值，此时

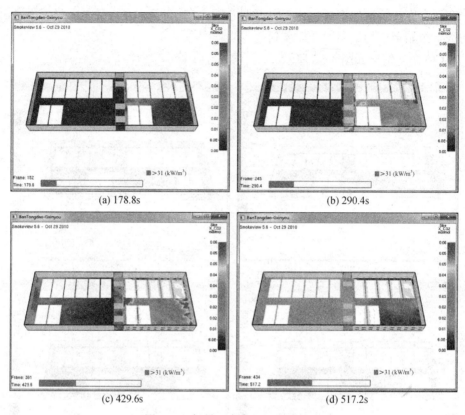

(a) 178.8s   (b) 290.4s

(c) 429.6s   (d) 517.2s

图 4-56   场景 7 仓库 CO_2 含量切片

旧仓库的 CO_2 浓度普遍在 5％ 以下，满足生命安全要求；在 290.4s 时，新仓库的 CO_2 浓度继续升高，更多部分达到临界值，旧仓库的 CO_2 含量均低于临界值 5％；在 429.6s 时，旧仓库的 CO_2 浓度含量明显升高，但普遍在 5％ 以下，低于临界值；在 517.2s 时，旧仓库的 CO_2 含量继续增多，但仍未超过临界值，故设置半开敞通道时，在关窗使用条件下，当着火点位于新仓库时，火未向旧仓库蔓延，旧仓库的 CO_2 含量未达到临界值，此情景下新旧仓库可作为一个防火分区。

2m 高度处烟气温度情况如图 4-57 所示。

由图 4-57 可以看出，在设置半开敞通道关窗前提下，当着火点位于新仓库时，在 206.4s 时，新仓库温度上升，大部分温度在 200℃ 左右，着火堆垛附近即火焰处温度较高，旧仓库温度上升不明显，2m 高度处烟气温度均在 200℃ 以下，低于临界值；在 298.8s 时，新仓库温度继续保持高温，此时旧仓库温度上升不明显，均未达到 200℃，低于临界值；在 370.8s、394.8s 时，旧仓库温度依然低于生命安全临界温度值，故设置半开敞通道时，在关窗使用条件下，当着火点位于新仓库时，火未向旧仓库蔓延，旧仓库 2m 高度处烟气温度未达到临

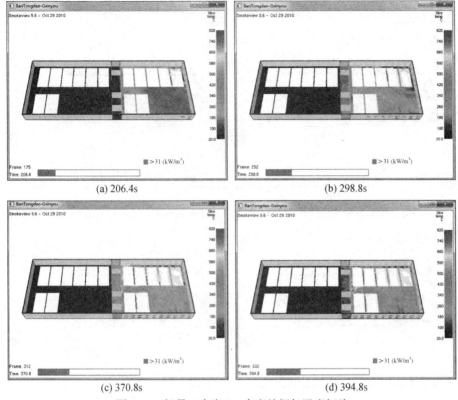

(a) 206.4s   (b) 298.8s

(c) 370.8s   (d) 394.8s

图 4-57　场景 7 仓库 2m 高度处烟气温度切片

界值，此情景下新旧仓库可作为一个防火分区。

2m 高度烟气能见度情况如图 4-58 所示。

由图 4-58 可以看出，当着火点位于新仓库时，在 154.8s 时，新仓库能见度因为燃烧产生烟气而下降，此时旧仓库能见度几乎未曾下降，均保持在 30m 左右，高于临界值，方便人员逃生；在 223.2s 时，新仓库能见度普遍降低，均低于临界值 10m，随着燃烧和产烟量的增多，旧仓库部分能见度下降至 12m，高于临界值；在 390s，随着旧仓库可燃物参与燃烧产生烟气，旧仓库部分能见度开始明显降低，但均高于临界值；在 402s 时，旧仓库能见度再一步降低，但普遍高于临界值，不影响人员逃生，故设置半开敞通道时，在关窗使用条件下，当着火点位于新仓库时，火未向旧仓库蔓延，旧仓库 2m 高度处能见度高于临界值，此情景下新旧仓库可作为一个防火分区。

2. 场景 8：着火点位于旧仓库

场景 8 即设置半开敞通道在关窗使用前提下，着火点位于旧仓库左侧第一堆一角时，燃烧情况如图 4-59 所示。

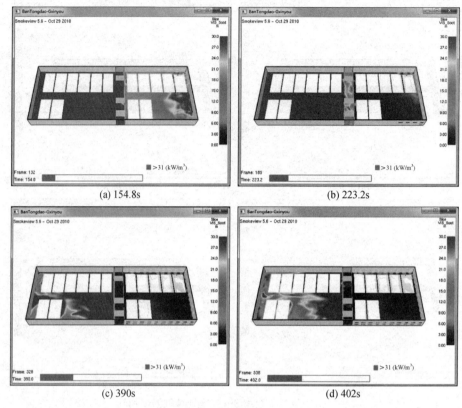

(a) 154.8s   (b) 223.2s

(c) 390s   (d) 402s

图 4-58　场景 7 仓库能见度切片

由图 4-59 可以看出，当着火点位于旧仓库时，在 226.8s 时，火将第一堆聚丙烯引燃并向第二堆蔓延，更多窗户被打开，随着热量的释放周围窗户逐渐被打开，在 360s 时，火势主要在旧仓库下侧燃烧，随着参与燃烧的可燃物含量增多，火势向新仓库方向扩散，在 1011.6s 时火势蔓延至旧仓库右侧，燃烧剧烈，但由于场所为受限燃烧，随着氧气含量减少，供氧量不足而燃烧缓慢，火势下降，最终熄灭，此场景下火灾并未从旧仓库向新仓库蔓延。

CO 产生情况如图 4-60 所示。

由图 4-60 可以看出，当设置半开敞通道时，在关窗情境下，着火点位于旧仓库时，在 338.4s 时旧仓库的 CO 含量增多，但新仓库的 CO 含量普遍在 0.1% 以下，满足生命安全要求；在 369.6s 时，旧仓库因为火向附近堆垛蔓延燃烧 CO 继续增多，火源部分超过临界值，新仓库的 CO 含量均在 0.1% 以下，满足生命安全要求；在 393.6s 时旧仓库的 CO 含量持续增多，随着参与燃烧的可燃物含量的增多，大部分 CO 含量超过 0.1%，高于生命安全标准临界值，但新仓库的 CO 含量始终未达到 0.1%，低于临界值；在 1021.2s 时，新仓库的 CO 浓

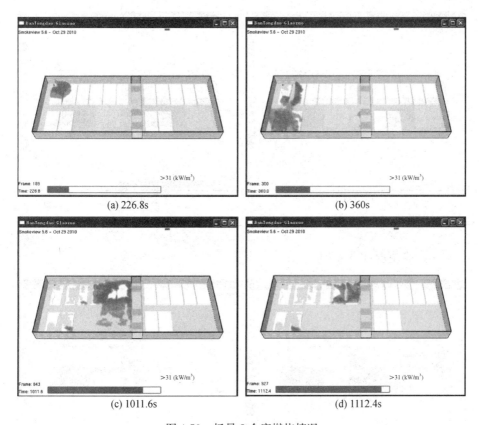

图 4-59　场景 8 仓库燃烧情况

度始终未达到临界值，故设置半开敞通道时，在关窗使用条件下，当着火点位于旧仓库时，火未向新仓库蔓延，新仓库的 CO 含量低于临界值，此情景下新旧仓库可作为一个防火分区。

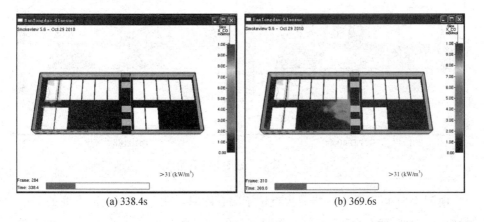

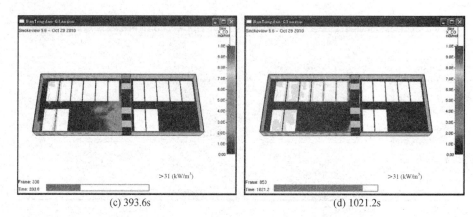

(c) 393.6s　　　　　　　　　　(d) 1021.2s

图 4-60　场景 8 仓库 CO 含量切片

CO_2 产生情况如图 4-61 所示。

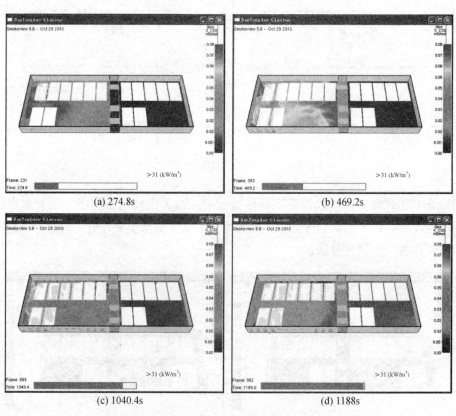

(a) 274.8s　　　　　　　　　　(b) 469.2s

(c) 1040.4s　　　　　　　　　　(d) 1188s

图 4-61　场景 8 仓库 CO_2 含量切片

由图 4-61 可以看出，当着火点位于旧仓库时，在 274.8s 时旧仓库的 CO_2 含量增多，大部分浓度低于 5%，个别部分即堆垛附近的 CO_2 浓度含量达到 6%，超过临界值,此时,新仓库的 CO_2 浓度普遍很低,满足生命安全要求;在 469.2s 时,旧仓库的 CO_2 含量大面积增多,普遍含量在 5% 以上,着火堆垛附近达到 7%,此时新仓库的 CO_2 含量开始增多,但均在 5% 以下;在 1040.4s 时,随着旧仓库可燃物的减少,旧仓库的 CO_2 浓度含量开始降低,局部高于 5%,此时新仓库的 CO_2 浓度含量略升高但依然低于 5%,满足生命安全要求,同样,在 1188s 时,新仓库的 CO_2 浓度含量增多,但整个新仓库的 CO_2 浓度含量均未达到 5%,低于临界值,故设置半开敞通道时,在关窗使用条件下,当着火点位于旧仓库时,火未向新仓库蔓延,新仓库的 CO_2 含量低于临界值,此情景下新旧仓库可作为一个防火分区。

2m 高度处烟气温度情况如图 4-62 所示。

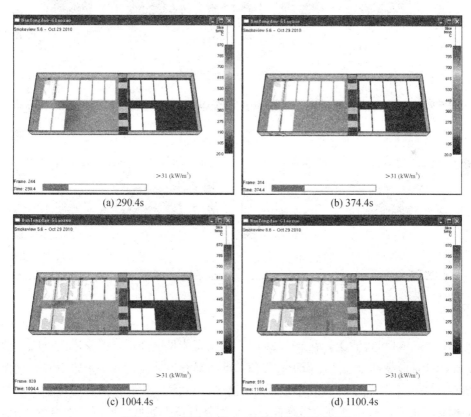

(a) 290.4s (b) 374.4s

(c) 1004.4s (d) 1100.4s

图 4-62 场景 8 仓库 2m 高度处烟气温度切片

由图 4-62 可以看出,当着火点位于旧仓库时,在 290.4s 时旧仓库温度上升,大部分 2m 高度处温度均低于 200℃,新仓库温度上升不明显,温度均在 200℃以下,低于临界值;在 374.4s 时旧仓库温度明显升高,大部分达到 290℃,着火堆垛附近即火焰处温度较高,新仓库温度依然保持在 200℃以下,低于临界值；在 1004.4s、1100.4s 时，新仓库温度上升依然不明显，均低于临界值 200℃，故设置半开敞通道时，在关窗使用条件下，当着火点位于旧仓库时，火未向新仓库蔓延，新仓库 2m 高度处烟气温度亦未超过临界值，此情景下新旧仓库可作为一个防火分区。

2m 高度烟气能见度情况如图 4-63 所示。

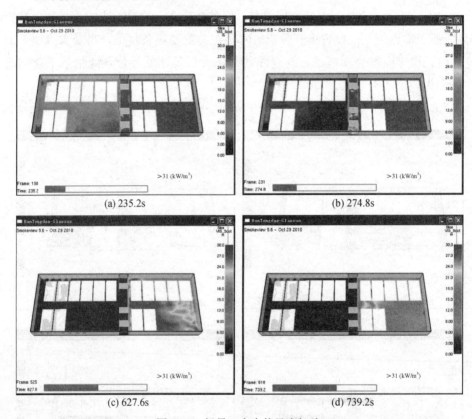

(a) 235.2s

(b) 274.8s

(c) 627.6s

(d) 739.2s

图 4-63 场景 8 仓库能见度切片

由图 4-63 可以看出，在 235.2s 时，旧仓库能见度降低，但普遍高于临界值 10m，只有极少部分能见度低于临界值，此时新仓库能见度几乎未曾下降，均保持在 30m 左右，高于临界值，方便人员逃生；在 274.8s 时，随着燃烧和产烟量的增多，旧仓库能见度进一步降低，绝大部分旧仓库能见度均低于临界值 10m，新仓库能见度局部开始降低，但烟气能见度均在临界值以上；在 627.6s 时，新仓库能见度也开始降低，但大部分高于临界值；在 739.2s 时，新仓库能见度再一步降低，但始终高于临界值 10m，故设置半开敞通道时，在关窗使用条件下，当着火点位于旧仓库时，烟气未向新仓库蔓延，新仓库 2m 高度处能见度高于临界值，此情景下新旧仓库可作为一个防火分区。

4.3.4　小结

由场景 5～场景 8 模拟结果分析可知，在新旧仓库间设置半开敞通道时即只有雨棚将其相连，仓库的不同使用条件对模拟结果有影响。在开窗使用时，新旧仓库间火灾均发生蔓延，但在关窗使用时，即便因为火灾温度上升使得部分窗户玻璃破碎形成新的通风口，但火灾依然不发生蔓延。由此可知，在仓库目前实际堆垛下，若想在新旧仓库间设置半开敞通道，安装固定窗户即可。

■ 4.4　新旧仓库设置全开敞通道时防火分区研究

当新旧仓库间设置全开敞通道时，在考虑仓库的使用情况和着火点位置后共设计 4 种场景，即场景 9～场景 12，分别对各场景进行模拟，分析此种情景下防火分区的抗火性能情况。

新旧仓库间设置全开敞通道，经模拟分析知，此 4 种场景下火灾均不发生蔓延，现只以场景 9 的模拟结果为例简要分析。

场景 9 即新旧仓库设置全开敞通道时，在开窗使用前提下，着火点位于新仓库右侧第一堆中间，燃烧情况如图 4-64 所示。

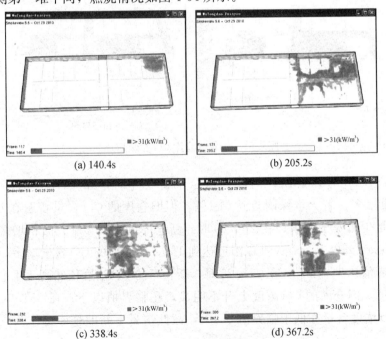

(a) 140.4s　　　　　　　　(b) 205.2s

(c) 338.4s　　　　　　　　(d) 367.2s

图 4-64　场景 9 仓库燃烧情况

由图 4-64 可以看出，当着火点位于新仓库时，在 140.4s 时，火向周围堆垛蔓延，随着参与燃烧的可燃物含量增多，火势开始扩大，在 205.2s 时火在新仓库剧烈燃烧达到轰燃，此时并未将旧仓库堆垛引燃，随着大部分可燃物被燃烧完，新仓库火势逐渐减小，在 367.2s 时新仓库只有四个堆垛参与燃烧，始终未蔓延至旧仓库，随着燃烧的继续，可燃物含量减少，火势减小，最终熄灭，在火灾发生的整个过程均未发生蔓延。

CO 产生情况如图 4-65 所示。

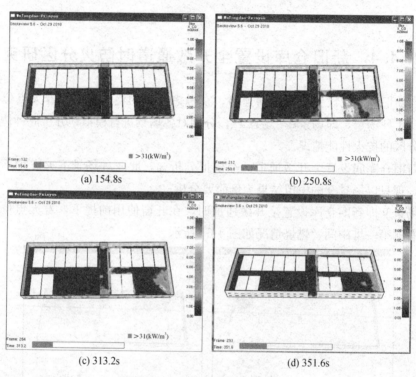

(a) 154.8s   (b) 250.8s

(c) 313.2s   (d) 351.6s

图 4-65　场景 9 仓库 CO 含量切片

由图 4-65 可以看出，当着火点位于新仓库时，在 154.8s 时新仓库的 CO 含量增多，着火堆垛附近达到 1%，但旧仓库的 CO 含量普遍在 0.1% 以下，满足生命安全要求；在 250.8s 时，新仓库的 CO 含量大面积增多，普遍含量在 0.01% 以上，着火堆垛附近达到 1%，旧仓库的 CO 含量增多，但大部分在临界值 0.1% 以下；在 313.2s 时，新仓库的 CO 浓度依然高于生命安全标准临界值，旧仓库的 CO 浓度上升不明显，在临界值以下；在 351.6s 时旧仓库的 CO 浓度含量亦低于临界值 0.1%，故此情景下新旧仓库可作为一个防火分区。

CO_2产生情况如图 4-66 所示。

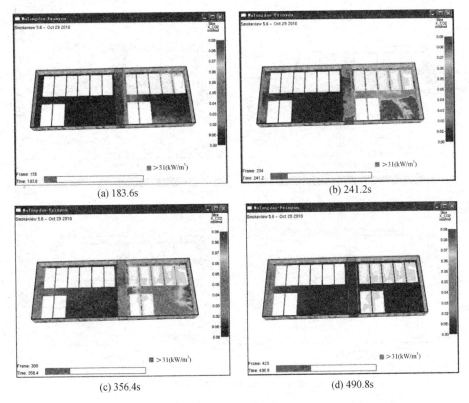

(a) 183.6s

(b) 241.2s

(c) 356.4s

(d) 490.8s

图 4-66　场景 9 仓库 CO_2 含量切片

由图 4-66 可以看出，当着火点位于新仓库时，在 183.6s 时新仓库的 CO_2 含量增多，着火堆垛附近的 CO_2 浓度较高，部分浓度达到 5%，超过临界值，此时旧仓库的 CO_2 浓度普遍在 5% 以下，满足生命安全要求；在 241.2s 时，新仓库的 CO_2 浓度继续升高，更多部分达到临界值，旧仓库的 CO_2 含量均低于临界值 5%；在 356.4s 时，旧仓库的 CO_2 浓度含量明显升高，但普遍在 5% 以下，低于临界值；在 490.8s 时，旧仓库的 CO_2 含量继续增多，但仍未超过临界值，故此情景下新旧仓库可作为一个防火分区。

2m 高度处烟气温度情况如图 4-67 所示。

由图 4-67 可以看出，当着火点位于新仓库时，在 208.8s 时，新仓库温度上升，大部分温度在 200℃ 左右，着火堆垛附近即火焰处温度较高，旧仓库温度上升不明显，2m 高度处烟气温度均在 200℃ 以下，低于临界值；在 222s 时，新仓库温度继续保持高温，此时旧仓库温度上升不明显，均未达到 200℃，低于临界值；在 327.6s、379.2s 时，旧仓库温度依然低于生命安全临界温度值，故此情

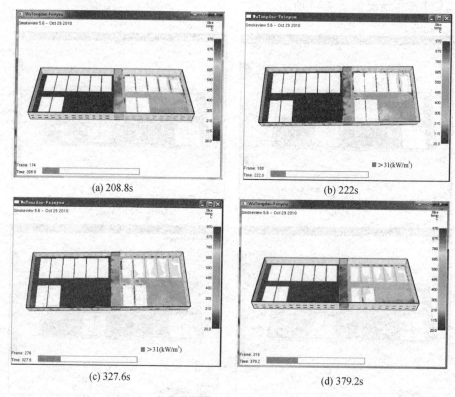

(a) 208.8s (b) 222s

(c) 327.6s (d) 379.2s

图 4-67　场景 9 仓库 2m 高度处烟气温度切片

景下火未向旧仓库蔓延，旧仓库 2m 高度处烟气温度未达到临界值，新旧仓库可作为一个防火分区。

2m 高度烟气能见度情况如图 4-68 所示。

由图 4-68 可以看出，当着火点位于新仓库时，在 164.4s 时，新仓库能见度因为燃烧产生烟气而下降，此时旧仓库能见度几乎未曾下降，均保持在 30m 左右，高于临界值，方便人员逃生；在 183.6s 时，新仓库能见度普遍降低，均低于临界值 10m，随着燃烧和产烟量的增多，旧仓库部分能见度下降至 12m，高于临界值；在 222s，随着旧仓库可燃物参与燃烧产生烟气，旧仓库部分能见度开始明显降低，但均高于临界值；在 824.4s 时，旧仓库能见度再一步降低，但普遍高于临界值，不影响人员逃生，故此情景下火未向旧仓库蔓延，旧仓库 2m 高度处能见度高于临界值，新旧仓库可作为一个防火分区。

由以上模拟结果分析可知，当新旧仓库不相连时，火灾在各个场景下均不发生蔓延。

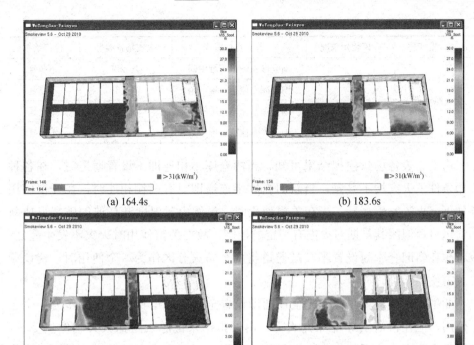

図 4-68　场景 9 仓库能见度切片

■ 4.5　新旧仓库消防设计

由前述对各种场景下仓库防火分区模拟结果汇总见表 4-4。

表 4-4　各场景模拟结果汇总表

通道设置情况	仓库使用情况	着火点位置	火灾场景编号	模拟结果
全封闭通道	开窗	新仓库右侧第一堆中间	场景 1	蔓延
		旧仓库左侧第一堆一角	场景 2	蔓延
	关窗	新仓库右侧第一堆中间	场景 3	蔓延
		旧仓库左侧第一堆一角	场景 4	不蔓延
半开敞通道	开窗	新仓库右侧第一堆中间	场景 5	蔓延
		旧仓库左侧第一堆一角	场景 6	蔓延
	关窗	新仓库右侧第一堆中间	场景 7	不蔓延
		旧仓库左侧第一堆一角	场景 8	不蔓延

通道设置情况	仓库使用情况	着火点位置	火灾场景编号	模拟结果
全开敞通道	开窗	新仓库右侧第一堆中间	场景 9	不蔓延
		旧仓库左侧第一堆一角	场景 10	不蔓延
	关窗	新仓库右侧第一堆中间	场景 11	不蔓延
		旧仓库左侧第一堆一角	场景 12	不蔓延

由汇总表各场景模拟结果可知，当两仓库不相连即不设置通道时，在各种使用条件下火灾均不蔓延；当新旧仓库半连通即只有雨棚相连时，在开窗使用条件下，火灾发生蔓延，当在关窗使用时，虽然由于温度升高玻璃破裂形成新的通风口，但因其早期对火灾有一定的控制，故在关窗使用时火灾不发生蔓延，故若想在新旧仓库间设置半开敞通道将两个防火分区作为一个使用时，建议业主关窗使用即可。

业主更希望将新旧仓库完全连通即设置全封闭通道将两个仓库作为一个仓库使用，但在目前实际堆垛方式下，由模拟结果汇总表可知火灾均发生蔓延，此情景下防火分区不能作为一个使用，若想在新旧仓库之间设置全封闭通道作为一个仓库使用需采取其他堆垛方式。

笔者从两种思路出发，一种不改变堆垛大小，改变间距进行模拟确定；一种是改变大小和间距，重新设定堆垛方式。经过对该仓库的调研知，该仓库多年以来均采用此堆垛尺寸及间距，若将该仓库堆垛尺寸及间距变化太大，一则改变聚合物存储位置挪动不方便，二是改变工作人员长久以来形成的位置习惯不现实，三是新旧仓库作为一个仓库使用时，其连接处因叉车运输及人员流动时需要更大空间，综合考虑各种因素后笔者决定，将新旧仓库连接处最近的两个堆垛去掉，增大新旧仓库可燃物与火源的距离，增加可燃物被引燃的难度，而堆垛尺寸及间距保持不变，具体建立模型如图 4-69、图 4-70 所示。

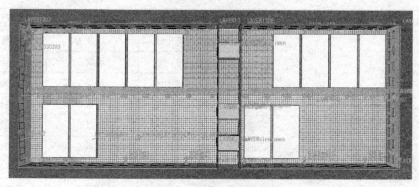

图 4-69 着火点在旧仓库

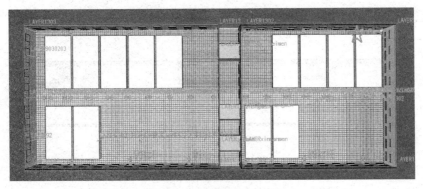

图 4-70　着火点在新仓库

考虑到场景模拟时依据"可信最不利"原则，故在此章节模拟中，只取新旧仓库全连通并且在开窗情景下进行模拟分析，场景设置见表 4-5，分别对两场景进行模拟，确定此种方式能否将新旧仓库作为一个仓库使用。

表 4-5　设置全封闭通道开窗使用时火灾场景设计

通道设置情况	仓库使用情况	着火点位置	火灾场景编号
全封闭通道	开窗	新仓库右侧第一堆中间	场景 13
		旧仓库左侧第一堆一角	场景 14

1. 场景 13：着火点位于新仓库

场景 13 即设置全封闭通道在开窗使用前提下，着火点位于新仓库右侧第一堆中间时，燃烧情况如图 4-71 所示。

由图 4-71 可以看出，当着火点位于新仓库时，在 82.8s 时，火向周围堆垛蔓延，随着参与燃烧的可燃物含量增多，火势开始扩大，在 194.4s 时新仓库剧烈燃烧，火势进一步扩大，随着燃烧热量的释放，火势开始蔓延，此时并未将旧仓库堆垛引燃，在 248.4s 时火依然只在新仓库燃烧，并未向旧仓库蔓延，随着可燃物的减少，在 356.4s 时，新仓库火势逐渐减小，最终熄灭，在整个燃烧过程中均未发生蔓延。

CO 产生情况如图 4-72 所示。

由图 4-72 可以看出，当着火点位于新仓库时，在 182.4s 时新仓库的 CO 含量增多，着火堆垛附近达到 0.75%，但旧仓库的 CO 含量普遍在 0.1% 以下，满足生命安全要求；在 266.4s 时，新仓库的 CO 含量大面积增多，普遍含量在 0.01% 以上，着火堆垛附近达到 0.75%，旧仓库的 CO 含量增多，但大部分均在临界值 0.1% 以下；在 289.2s 时，新仓库的 CO 浓度略微下降，但高于

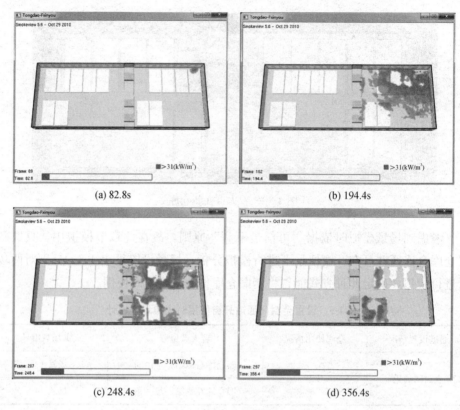

图 4-71　场景 13 仓库燃烧情况

生命安全标准临界值，旧仓库的 CO 浓度上升不明显，在临界值以下；在 313.2s 时旧仓库的 CO 浓度含量亦低于临界值 0.1%，故在此情景下，火未向旧仓库蔓延，旧仓库的 CO 含量未达到临界值，此时新旧仓库可作为一个防火分区。

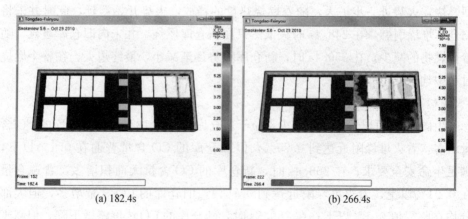

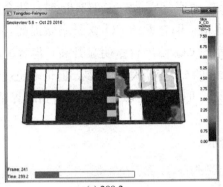

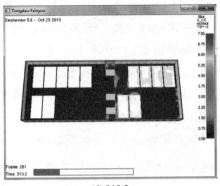

(c) 289.2s　　　　　　　　　　　　(d) 313.2s

图 4-72　场景 13 仓库 CO 含量切片

CO_2 产生情况如图 4-73 所示。

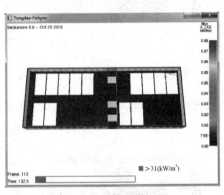

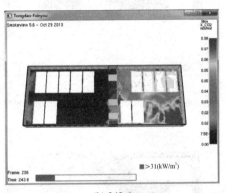

(a) 132s　　　　　　　　　　　　(b) 243.6s

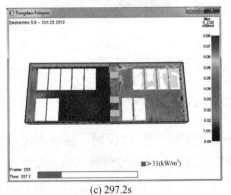

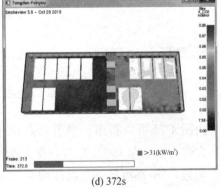

(c) 297.2s　　　　　　　　　　　　(d) 372s

图 4-73　场景 13 仓库 CO_2 含量切片

由以图 4-73 可以看出，当着火点位于新仓库时，在 132s 时新仓库的 CO_2 含量增多，着火堆垛附近的 CO_2 浓度较高，部分浓度达到 8%，超过临界值，此时旧仓库的CO_2浓度普遍在5%以下，满足生命安全要求；在243.6s时，新仓库的CO_2浓度继续升高，更多部分达到临界值，旧仓库的CO_2含量略微提高，但亦低于临界值5%；在307.2s时，旧仓库的CO_2浓度含量明显升高，但普遍在5%以下，低于临界值；在372s时，旧仓库的CO_2含量继续增多，但仍未超过临界值，故在此情景下，火未向旧仓库蔓延，旧仓库的CO_2含量未达到临界值，此时新旧仓库可作为一个防火分区。

2m高度处烟气温度情况如图4-74所示。

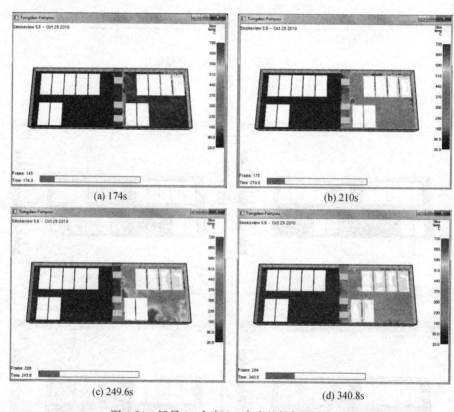

(a) 174s

(b) 210s

(c) 249.6s

(d) 340.8s

图4-74　场景13仓库2m高度处烟气温度切片

由图4-74可以看出，当着火点位于新仓库时，在174s时，新仓库温度上升，大部分温度在190℃左右，着火堆垛附近即火焰处温度较高，旧仓库温度上升不明显，2m高度处烟气温度均在200℃以下，低于临界值；在210s时，新仓库温度上升，普遍达到400℃，此时旧仓库温度上升不明显，亦未达到200℃，低于临界值；在249.6s、340.8s时，随着新仓库参与燃烧的可燃物含量减少，释放热量减少，故新仓库温度下降，整个过程中旧仓库温度始终低于生命安全临界温度值，故在此情景下，火未向旧仓库蔓延，旧仓库2m高度处烟气温度未达到临界值，此时新旧仓库可作为一个防火分区。

2m高度烟气能见度情况如图4-75所示。

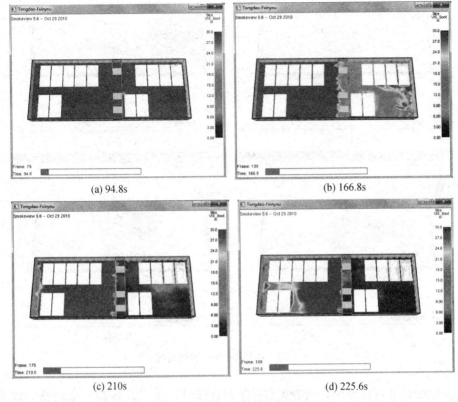

(a) 94.8s

(b) 166.8s

(c) 210s

(d) 225.6s

图4-75　场景13仓库能见度切片

由图4-75可以看出，当着火点位于新仓库时，在94.8s时，新仓库能见度因为燃烧产生烟气而下降，此时旧仓库能见度几乎未曾下降，均保持在30m左右，高于临界值，方便人员逃生；在166.8s时，新仓库能见度大范围降低，但均高于临界值10m，旧仓库能见度未见明显下降，在210s时，随着燃烧和产烟量的增多，旧仓库部分能见度部分开始下降，但亦远高于临界值，随着旧仓库可燃物参与燃烧产生烟气，旧仓库部分能见度开始明显降低，在225.6s时，旧仓库能见度进一步降低，但普遍高于临界值，不影响人员逃生，故在此情景下，火未向旧仓库蔓延，旧仓库2m高度处能见度高于临界值，此时新旧仓库可作为一个防火分区。

2. 场景14：着火点位于旧仓库

场景14即设置全封闭通道在开窗使用前提下，着火点位于旧仓库左侧第一堆一角时，燃烧情况如图4-76所示。

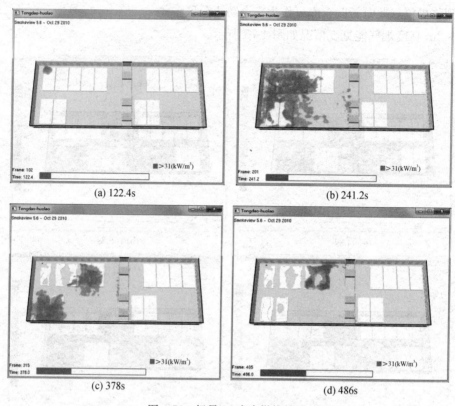

图 4-76　场景 14 仓库燃烧情况

由图 4-76 可以看出，当着火点位于旧仓库时，在 122.4s 时，火将第一堆聚丙烯引燃并向第二堆蔓延，随着热量的释放火势蔓延速度越来越快，在 241.2s 时，火势几乎蔓延至旧仓库每一个堆垛，绝大多数聚丙烯堆垛剧烈燃烧，但随着部分聚丙烯被燃烧完，参与燃烧的可燃物含量减少，在 378s 时火势减小，虽然火继续向新仓库方向扩散，但并未将新仓库堆垛引燃，在 486s 时，由于场所为受限燃烧，随着氧气含量减少，供氧量不足而燃烧缓慢，火势下降，最终熄灭，此场景下火灾并未从旧仓库向新仓库蔓延。

CO 产生情况如图 4-77 所示。

由图 4-77 可以看出，当着火点位于旧仓库时，在 189.6s 时旧仓库的 CO 含量增多，但新仓库的 CO 含量普遍在 0.1％以下，满足生命安全要求；在 250.8s 时，旧仓库因为火向附近堆垛蔓延，参与燃烧的聚丙烯增多，CO 含量也跟着增多，火源部分超过临界值，新仓库的 CO 含量均在 0.1％以下，满足生命安全需求；在 298.8s 时旧仓库的 CO 含量持续增多，随着参与燃烧的可燃物含量的增多，大部分 CO 含量普遍超过 0.1％，高于生命安全标准临界值，但新仓库的

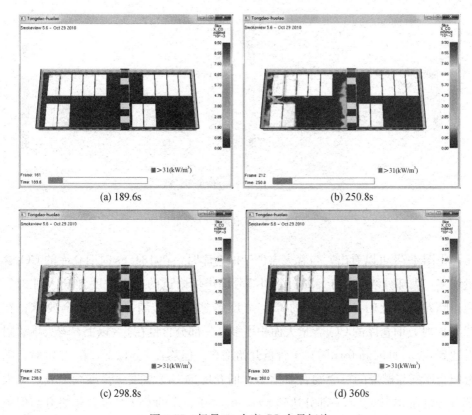

(a) 189.6s (b) 250.8s

(c) 298.8s (d) 360s

图 4-77　场景 14 仓库 CO 含量切片

CO 含量始终未达到 0.1%，低于临界值；在 360s 时，新仓库的 CO 浓度始终未达到临界值，故在此情景下，火未向新仓库蔓延，新仓库的 CO 含量低于临界值，此时新旧仓库可作为一个防火分区。

CO_2 产生情况如图 4-78 所示。

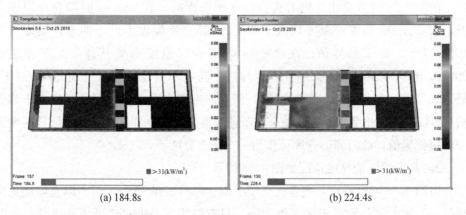

(a) 184.8s (b) 224.4s

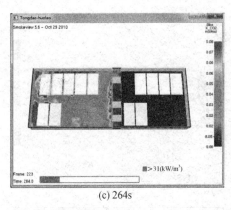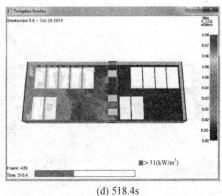

(c) 264s   (d) 518.4s

图 4-78 场景 14 仓库 CO_2 含量切片

由图 4-78 可以看出，当着火点位于旧仓库时，在 184.8s 时旧仓库的 CO_2 含量增多，大部分浓度低于 5%，个别部分即堆垛附近的 CO_2 浓度含量达到 8%，超过临界值，此时，新仓库的 CO_2 浓度普遍很低，满足生命安全要求；在 224.4s 时，旧仓库的 CO_2 含量大面积增多，一部分含量在 5% 以上，着火堆垛附近达到 8%，此时新仓库的 CO_2 含量开始增多，但均在 5% 以下；在 264s 时，随着旧仓库参与燃烧的可燃物含量增多，旧仓库的 CO_2 浓度含量继续上升，绝大部分含量在 5% 以上，一部分达到 8%，此时新仓库的 CO_2 浓度含量略升高但依然低于 5%，满足生命安全要求，同样，在 518.4s 时，随着旧仓库可燃物含量减少，CO_2 含量随之降低，整个燃烧过程中新仓库的 CO_2 浓度含量均未达到 5%，低于临界值，故在此情景下，火未向新仓库蔓延，新仓库的 CO_2 含量低于临界值，此时新旧仓库可作为一个防火分区。

2m 高度处烟气温度情况如图 4-79 所示。

由图 4-79 可以看出，当着火点位于旧仓库时，在 189.6s 时旧仓库温度上升，大部分 2m 高度处温度均低于 200℃，新仓库温度上升不明显，温度均在 200℃以下，低于临界值；在 232.8s 时旧仓库温度明显升高，大部分达到 290℃，着火堆垛附近即火焰处温度较高，新仓库温度依然保持在 200℃以下，低于临界值；在 254.4s、478.8s 时，新仓库温度上升依然不明显，均低于临界值 200℃，故在此情景下，火并未向新仓库蔓延，新仓库 2m 高度处烟气温度亦未超过临界值，此时新旧仓库可作为一个防火分区。

2m 高度烟气能见度情况如图 4-80 所示。

由图 4-80 可以看出，当着火点位于旧仓库时，在 158.4s 时，旧仓库能见度降低，但绝大部分均高于临界值 10m，只有极少部分能见度低于临界值，此时

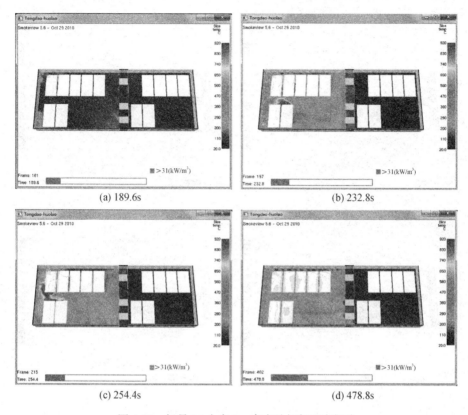

(a) 189.6s　　　　　　　　　　　(b) 232.8s

(c) 254.4s　　　　　　　　　　　(d) 478.8s

图 4-79　场景 14 仓库 2m 高度处烟气温度切片

新仓库能见度几乎未曾下降，均保持在 30m 左右，方便人员逃生；在 228s 时，随着燃烧和产烟量的增多，旧仓库能见度进一步降低，均低于临界值 10m，由于烟气蔓延至新仓库，导致其能见度局部开始降低，但均在临界值以上；在 312s 时，新仓库能见度继续降低，但均高于临界值；在 632.4s 时，随着参与燃烧可燃物含量减少，产生烟气含量降低并部分通过窗口排放至室外，故此时新旧仓库能见度有一定程度的增大，整个燃烧过程中，新仓库能见度始终保持在临界值之上，故在此情景下，烟气未向新仓库蔓延，新仓库 2m 高度处能见度始终高于临界值，此时新旧仓库不可作为一个防火分区。

由对以上场景模拟分析可知，在去掉新旧仓库连接处的两个聚丙烯堆垛后，当发生火灾时，无论着火点位于哪，火势均不向另一仓库蔓延，而且各项人员安全评估指标亦在安全范围内，故为满足业主需求，将新旧仓库作为一个仓库使用时建议其在新旧仓库连接处不摆放堆垛，既保证了防火分区的抗火性能，又方便仓库在存储过程中操作的实施性，方便叉车顺利通过。

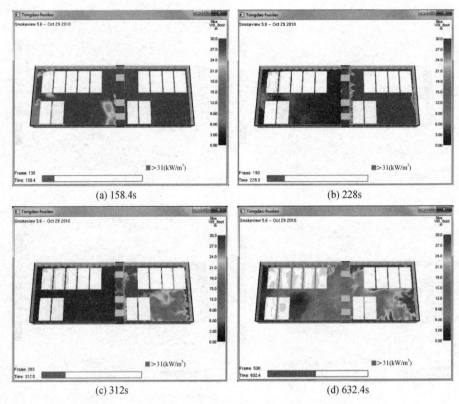

(a) 158.4s   (b) 228s

(c) 312s   (d) 632.4s

图 4-80　场景 14 仓库能见度切片

■ 4.6　结论

本章以聚合物仓库扩建工程为背景,充分考虑业主需求、仓库的不同使用条件及防火目标,利用数值模拟方法对该聚合物仓库扩建工程防火分区进行研究,通过新旧仓库燃烧情况、CO 和 CO_2 产生情况、2m 高度处烟气温度以及烟气能见度等方面对防火分区的抗火性能进行分析,最终为业主在仓库使用方面提出建议。得出的主要结论如下:

(1) 依据"可信最不利"的原则将着火点位置定义在堆垛内侧,分为着火点位于新仓库和旧仓库,通过模拟各种场景、对比分析 HRR 曲线知,在开窗前提下,当着火点位于新仓库右侧第一堆中间时,火灾发展迅猛,火势更大,最为不利;当着火点位于旧仓库左侧第一堆一角时,火灾发展迅猛,火势更大,最为不利。

（2）依据新旧仓库间设置全封闭通道、半开敞通道和全开敞通道情况下的火灾场景模拟结果，可知，当新旧仓库设置全封闭通道将新旧仓库作为一个防火分区时，几乎每一个场景下火灾均发生蔓延，故在仓库目前实际堆垛下，新旧仓库间不可设置全封闭通道作为一个防火分区使用；当新旧仓库间设置半开敞通道即只有雨棚将其相连时，仓库的不同使用条件对模拟结果有影响，在开窗使用时，新旧仓库间火灾均发生蔓延，但在关窗使用时，即便因为火灾温度上升使得部分窗户玻璃破碎形成新的通风口，火灾亦不发生蔓延，故在仓库目前实际堆垛下，若想在新旧仓库间设置半开敞通道，则安装固定窗户即可满足抗火要求；当两仓库设置全开敞通道时，在各种使用条件下火灾均不蔓延。

（3）依据业主的要求，需要在新旧仓库间设置全封闭通道将两个仓库作为一个仓库使用，经过对该仓库的调研，综合考虑各种因素后，将新旧仓库连接处最近的两个堆垛去掉，增大新旧仓库可燃物与火源的距离，增加可燃物被引燃的难度，而堆垛尺寸及间距保持不变，经过模拟分析结果知，在此种方式下火灾均不发生蔓延，防火分区满足抗火要求，故建议业主将新旧仓库连接处最近的两个堆垛去掉，便可在新旧仓库间建立全封闭通道将新旧仓库作为一个防火分区使用。

第5章 某压缩机厂房性能化防火设计

本章所选工程背景为某石化企业乙烯改扩建工程（图5-1），该工程钢结构部分主要由管廊、裂解炉和压缩厂房三部分组成，使用钢材共计两万多吨，总投资约140亿元。该工程地上部分有裂解装置、压缩装置、炼油装置、共用工程建筑和其他附属结构，全部采用钢结构建筑。

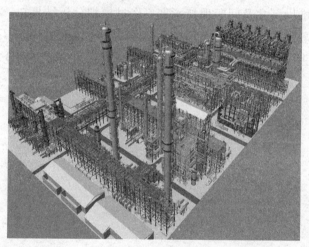

图5-1 某石化乙烯改扩建工程总平面布置图

压缩机厂房（图5-2）中的裂解气压缩机是乙烯裂解装置的关键设备，被称为乙烯裂解装置的心脏，其正常运转是保证乙烯裂解装置乃至配套装置正常生产的先决条件。

■ 5.1 工程概况

该压缩机厂房单层且有多个不同标高的操作平台，技术指标见表5-1。楼梯间及厂房标高101.200m以下采用轻集料小型混凝土空心砌块，101.200m以上轻钢结构围护墙体采用彩钢夹芯板墙板，中填岩棉保护层，墙面采光板墙体采用双层透明聚碳酸酯波形采光板。

(a) 外观

(b) 内部

图 5-2　压缩机厂房

表 5-1　压缩机厂房技术指标

占地面积（m²）	建筑面积（m²）	建筑高度（m）	层数
1017.41	1038.71	23.360	单层

注：层数未考虑钢格板操作平台。

根据《石油化工企业设计防火规范》表 3.0.2 中规定，该压缩机厂房的火灾危险类别为最高级，故有必要对其厂房钢结构的抗火性能进行分析。

该建筑据工艺功能要求及《石油化工企业设计防火规范》《石油化工钢结构防火保护技术规范》，按装置中的流体属性分类为甲 A 类工业建筑，要求耐火等级按二级设计，对应要求屋顶承重构件耐火极限 1.0h。

该厂房中的乙烯压缩机组共有汽轮机、压缩机、蒸汽系统、凝液系统、油系统、干气密封控制系统、工艺系统等七部分组成。石油化学工业中，其原料气—石油裂解气的分离，是先经压缩，然后采用不同的冷却温度，将各组分分别分离出来。压缩气体用于合成及聚合，在化学工业中，气体压缩至高压，常有利于合成和聚合。

该压缩机厂房设备工艺繁多，输送流体介质的管道错综复杂，厂房内部装置大多处于高温高压工作状态，对建筑结构提出了较高的要求。本工程的主体设备大型乙烯/丙烯压缩机放置在高 10m 的混凝土框架支座上，并设置标高为 10.500m 的钢格栅板作为主操作平台。同时也设置了不同标高的小操作平台和直爬梯辅助工作。平面图最右外侧设置钢筋混凝土楼梯，本课题研究中不考虑该楼梯的抗火性能及对火势的影响。建筑立面结构上设置多个三角形支架放置输油管道及其他管线。该压缩机厂房的屋顶采用坡屋顶设计，并设置排烟通风系统加强空气的流通。压缩机厂房的建筑结构设计图如图 5-3～图5-5。

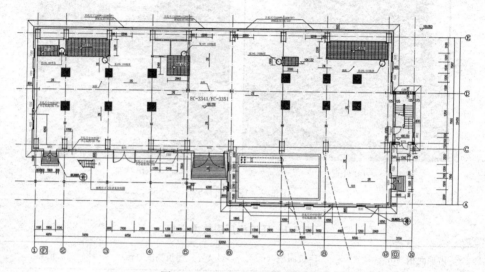

图 5-3　压缩机厂房建筑平面图

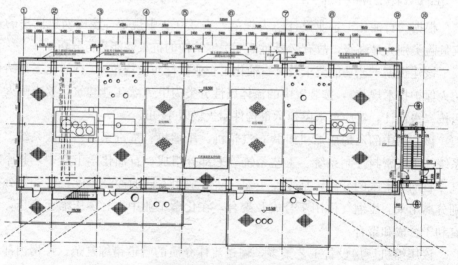

图 5-4　压缩机厂房 110.500m 工作平台布置图

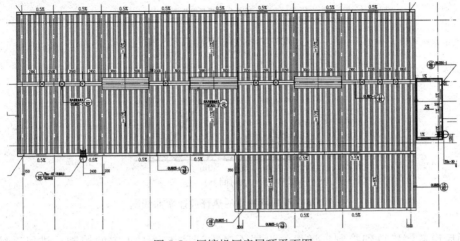

图 5-5　压缩机厂房屋顶平面图

5.2　火灾场景设计

压缩机厂房火灾有如下特点：

（1）压缩机厂房内部设备种类多，工艺参数多，大多处于高温高压甚至真空状态作业，稍有可燃介质泄漏，就有可能引发烃类火灾事故。

（2）压缩机厂房具有多个操作平台，许多工艺是层叠式地竖向布置，起火后容易形成立体火灾。

（3）压缩机厂房空间跨度大，门窗较多，通风较好，一旦发生火灾很难局部控制，火灾蔓延快。

（4）生产工艺复杂，机械设备较多，为操作方便，室内外都设置有不同标高的操作平台，当发生火灾时，对消防车的进入和喷水距离造成影响，阻碍灭火工作。

5.2.1　火灾场景设计

由本课题研究的压缩机厂房的生产工艺特点决定，火灾类型按照油池火的热释放速率曲线设计，其火灾初期增长速度很快（图 5-6）。

压缩机厂房在火灾场景设计时，结合设备系统的生产工艺特点，分析最具代表性的火灾场景。本节综合考虑了建筑模型（门窗洞口）、设备系统安装布置、当地自然环境状态等因素，且假定的火灾场景处于可燃介质在泄露一定时

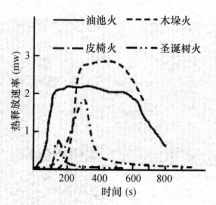

图 5-6　不同可燃物的热释放速率曲线图

间后设备停机得到控制。场景的设置不考虑消防人员对火灾的控制、排风系统损坏（采用自然排烟）等最危险的环境。根据工程经验和相关文献，计算模拟时间设定为 1800s。

本文设定了 12 个不同的火灾场景（表 5-2），模拟计算后对不同火灾场景的热释放速率、温度场分布、烟气温度以及火灾过程中的可见度进行分析对比。

表 5-2　火灾场景一览表

场景编号	火源位置	风	门窗洞口	初始温度（℃）
1	左边	无	开启	30
2	左侧压缩机下方	无	开启	30
3	吊装孔	无	开启	30
4	右侧压缩机下方	无	开启	30
5	左边	三级风	开启	30
6	左侧压缩机下方	三级风	开启	30
7	吊装孔	三级风	开启	30
8	右侧压缩机下方	三级风	开启	30
9	左边	不考虑	关闭	-30
10	左侧压缩机下方	不考虑	关闭	-30
11	吊装孔	不考虑	关闭	-30
12	右侧压缩机下方	不考虑	关闭	-30

所有场景设置中均不考虑消防人员对火灾的控制，并设置排烟系统停止工作等不利因素，模拟时间定为 30min。该节重点分析在影响火灾规模的其他因素条件完全相同时，不同火灾场景中可燃物泄露位置不同、门窗洞口是否开启和初始环境不同的情况下对热释放速率、温度场和烟气温度及可见度的影响变化规律。

火灾场景的设定方法、设计原则以及所有影响火灾发展的因素综合考虑后，本文选择 FDS 和 PYROSIM 软件对设计好的 12 种火灾场景数值模拟计算，实现该压缩机厂房的性能化防火分析。

5.2.2　数值模拟软件的使用

1. 火灾场景中建筑模型的设计

在设计该大型乙烯装置/乙烯丙烯压缩机厂房的火灾场景时，利用 FDS 数值模拟软件建立压缩机厂房建筑结构模型会遇到较大的麻烦，采用 PYROSIM 软件对压缩机厂房的主体结构进行布置建造，大大提高了"重塑"建筑物场景的效率。但若完全按照压缩机厂房中的所有建筑结构、设备布置和其他细部构造建立模型，将会大大增加工作量。

火灾场景的设计中可以只抓住主要矛盾，建立压缩机厂房的主要建筑结构布置，准确定位其中的工艺设备，控制压缩机厂房的排放换气条件，精确控制厂房的屋顶、墙面、门窗洞口的尺寸和定位，正确定义墙体和屋面围护材料的导传热的材料属性等，即可有效控制实际建筑物和数值模型中的火灾场景的计算误差。

在本文的压缩机厂房的建筑结构布置中，在以下几个方面准确控制了场景的真实有效性：

（1）大型乙烯装置/乙烯丙烯压缩机厂房中的工艺设备较多，种类功能各不相同，本文中忽略那些小的设备、管道等装置，主要建立大型钢质压缩机和落地润滑油油箱以及连接两者的管线。该工程的压缩机主体坐落在高强混凝土框架基础上，标高 10.500m，泄漏物将会向下流淌到厂房地面上，即使发生火灾也减轻了可燃物对压缩机主体的直接燃烧破坏。压缩机主要设备及基础布置示意图如图 5-7 所示。

（2）为了保证厂房的通风畅通，厂房内部的设备平台采用钢格板（图 5-8），但在模型的建立中，PYROSIM 软件中没有相应的模块，只能利用矩形钢板模块控制间距，交错搭接，留出空洞，使钢格板的通风、排烟效果符合实际工程的要求。

（3）大型乙烯装置/乙烯丙烯压缩机厂房中的可燃物质，一般都是烃类泄漏物，为流体可燃物，不像仓库厂房那样储存的大量乙烯聚合物，即该项目工程中的可燃物仅考虑烃类流体可燃物。

（4）大型乙烯装置/乙烯丙烯压缩机厂房的门窗洞口较多，有利于可燃气体的扩散排出，但该工程位于寒冷地区，冬季气温长时间在零下 10℃以下，《采暖通风与空气调节设计规范》中规定该厂房冬季会有采暖措施，门窗洞口会在冬

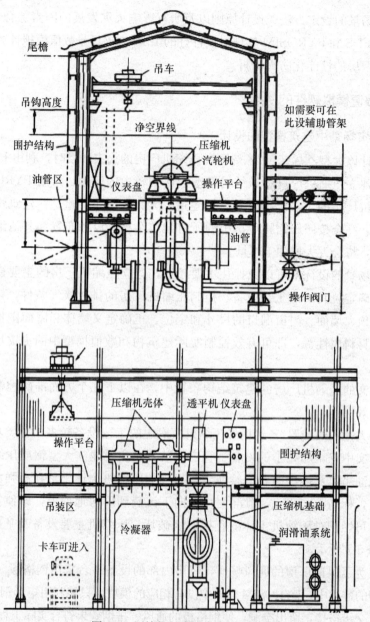

图 5-7 压缩机厂房设备布置示意图

季长期封闭，靠屋顶的通风排气装置控制可燃气体的扩散。本工程属于封闭式压缩机厂房。一般在夏季天气温度较高时，厂房会把门窗全部开启，有利于可燃有害气体及时排出；冬季温度长时间处于零下，厂房采暖需求，经常把所有门窗关闭，靠排气装置保障安全。但通风系统发生故障的极端状态下，靠自然通风排气，发生火灾时将会更加危险。

（5）准确控制厂房的建筑结构尺寸、门窗洞口定位和大小以及坡屋顶屋盖的坡度等。

该压缩机厂房的建筑结构型式复杂，很难在数值模拟软件中实现模型与实物的完全精确一致，并且 FDS 和 PYRO-SIM 软件的模拟计算是按照流体动力学计算空间中沿坐标轴均匀划分的网格点上的流体动力学参数的过程，所以要求建立的火灾场景实体必须为沿坐标轴放

图 5-8　设备平台钢格板

置的长方体。如倾斜的坡屋顶结构，采用多个长方体组合而成（图 5-9）。

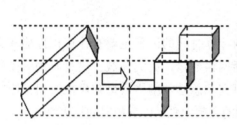
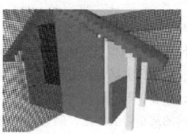

图 5-9　坡屋顶的建立方式

该压缩机厂房的屋顶型式为钢檩条坡屋顶，稳定体系采用钢斜撑，柱子采用钢格构柱，这些建筑构件和型式在数值模拟过程中都采用简化处理，例如钢格构柱采用尺寸接近的钢矩形柱替代，斜撑体系在模型中不再设置，坡屋顶采用矩形钢模块堆积，天窗以三个尺寸相同的洞口代替等，详细参照图 5-10 的某压缩机厂房火灾场景建筑模拟图。

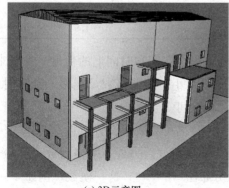
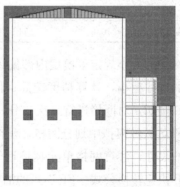

(a) 3D示意图　　　　　　　　　　(b) 厂房侧立面图

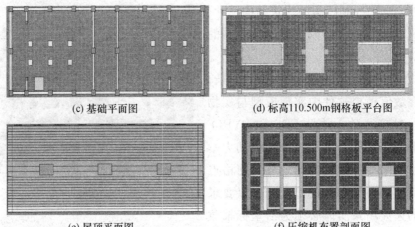

(c) 基础平面图　　　　　　　　(d) 标高110.500m钢格板平台图

(e) 屋顶平面图　　　　　　　　(f) 压缩机布置剖面图

图 5-10　某压缩机厂房火灾场景建筑模拟图

2. 厂房模型的网格划分

FDS 软件模拟火灾场景时，影响计算时间的因素主要有计算机性能和火灾场景。其中火灾场景的设计主要包括网格数量、火灾荷载、建筑布局、模拟时间和计算步长等。经过大量的模拟研究和总结，网格数量和模拟时间是影响计算时间的最重要的因素。例如在先期的文献中总结的模拟时间见表 5-3。

表 5-3　网格数量和模拟时间表

名　称	网格数（万）	HRR（MW）	模拟时间（s）	运行时间（h）	备　注
体育馆	184.3	25	728	189.2	t^2 火
体育馆	184.3	8	900	117.2	t^2 火
地铁北京站	191.4	2	370	29.3	t^2 火
档烟垂壁	60	2.5	155	28.3	局部加密
地铁杨思站	125.6	10	370	21.1	—
地下商场	48.5	2.4	300	12.3	—
中庭火灾	10.8	24	900	1.9	t^2 火

网格的大小规定了模型内部偏微分方程在空间和时间上的精度。一般来说，网格的尺寸越小，计算精度越高。但网格越小，即网格数量越多，计算时间也越长。例如，对网格进行一次二分，计算时间就会增长 $2^4 = 16$ 倍。

FDS 软件模拟中划分网格，是在 GRID 名称列表组设置包括 X、Y、Z 三个方向的尺寸，注意网格单元越接近于立方体越好。另外，网格划分尺寸应符合傅立叶快速转换公式（FFTs）的泊松分布法（$a^l b^m c^n$）这一模数，例如 $4^3 = 64$，$2^2 3^2 = 36$ 等都是合适的网格尺寸。而 39、97 或 107 就不适合。

在一个火灾场景计算中，一般不会只采用单一网格大小的矩形网格，而是会在满足不同部位的计算精度的条件下采用多重网格设置。不同的网格划分在计算传递信息时，避免网眼边界越线，必须符合图 5-11 中的 (a)、(b)、(d)、(e) 四种情况。图 5-11 (c) 的网格划分就不合理。

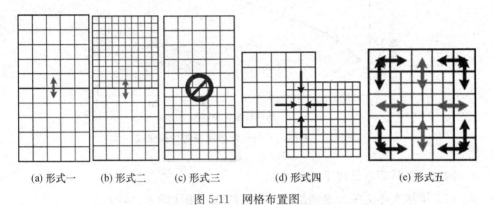

(a) 形式一　　(b) 形式二　　(c) 形式三　　(d) 形式四　　(e) 形式五

图 5-11　网格布置图

在场景模拟中，不同的输出变量对网格的要求不同。一般火焰部位对网格的精度要求较高，经过前期的多次模拟研究，网格越细密，火焰的温度越高，火灾的燃烧速率越快。相对于火焰来说，烟气的温度测试和流动蔓延对网格的精细度没有太高要求。所以在模拟过程中我们可以在场景可能出现火焰的部位划分精细的网格，而在只是关注烟气蔓延和热量传导辐射的区域采用相对粗糙的网格。

网格大小的具体设置在 FDS 用户指南中也相应给出经验公式，一个热释放速率和环境条件的函数见式 (5-1)：

$$D^* = \left(\frac{Q}{\rho_\infty c_P T_\infty \sqrt{g}}\right)^{\frac{2}{5}} \tag{5-1}$$

式中　D^*——火灾的特征尺寸；

　　c_P——比热容；

　　ρ——空气密度（初始温度为 20℃）$\rho = 1.205 \text{kg/m}^3$；

　　g——重力加速度，$g = 9.8 \text{m/s}^2$；

　　T——温度（初始温度为 20℃）$T = 293\text{k}$；

　　Q——火源热释放速率，kW；

　　∞——环境状态。

我们可以先粗略估计火灾的热释放速率，根据经验公式 (5-1) 得到 D^* 火灾特征尺寸。FDS 建议将 D^*/δ_x 控制在 4~16，其中 δx 为火源处 X、Y、Z 方向的最小网格尺寸。经验公式得到的 δ_x 网格尺寸，初步模拟获得火源热释放速率，再反代入经验公式验证是否合理，经过多次模拟演算，最终得到合理网格大小。图 5-12 网格尺寸与热释放速率的经验曲线可供参考。

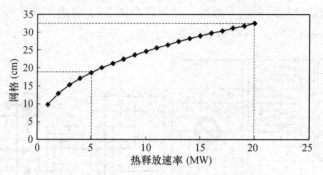

图 5-12　网格尺寸与热释放速率的经验曲线

网格设置技巧总结以下几条：

（1）网格大小应按从最精细到最粗糙的顺序依次输入。

（2）网格尺寸可由公式初步估算。

（3）尽量避免网格的边界越线。

（4）单元网格越接近立方体越好。

（5）不同输出变量对网格要求不同，由粗到细逐步加密网格，直至两次结果变化不大。本课题研究中，把可能出现火焰的区域设置精密网格，D^*/δ_x 控制在 8～10；而只是控制烟气蔓延和热量传递辐射的区域采用较粗糙网格，D^*/δ_x 控制在 15～20。

所有的 FDS 模拟计算，首先设定一个计算区域，在这个设定的区域内设置火灾场景。大型乙烯装置/乙烯丙烯压缩机厂房火灾场景设计，根据压缩机厂房的建筑尺寸，计算区域设定为：X 方向 50m，Y 方向 25m，Z 方向 24m。在场景中的网格总数量为 60000 个。经过经验公式和多次模拟分析，火灾场景的热释放速率一般在 30～70MW，最终确定在可燃物质附近设置精细网格单元 0.33m×0.33m×0.33m，在只考虑烟气蔓延热量辐射的区域采用较粗糙网格单元 1.00m×1.00m×1.00m，图 5-13，最终模拟计算时间约为 4h。

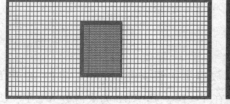

图 5-13　网格尺寸设置

3. 火源的设定

在 FDS 和 PYROSIM 软件中一般用两种方法来设计火灾的大小。一种是设置火源单位面积上的热释放速率，例如，设定命令行 &HRRPUA＝800kW/m²；另一种方法是利用可燃物体在燃烧过程中的反应热和蒸发热来预测燃烧速率，但该方法的实施有一定的难度。

前一种方法是在先期大量的火灾研究调研中，结合相关文献和材料，得到的一个可燃物的热释放速率的有效值，然后只需要在 FDS 或 PYROSIM 给定一个单位面积热释放速率的参数来表示火灾的大小。这种方法简单易行，在早期的火灾模拟研究中得到了大量的应用。例如，先期的室内火灾、火车火灾和隧道火灾等都采用这种设定 HRRPUA 的方法。这种方法是把火灾场景中所有的可燃物质的燃烧热释放集中于一个假象的 BURNER 中，将其他装饰物设置为不可燃的属性，然后设定 BURNER 的 HRRPUA（热释放速率）。它的弊端是不能够准确地描述火灾场景中火势的发展、蔓延和烟气流动过程，不能准确分析建筑模型对火势的影响等。该方法依据是否与火灾实验曲线相吻合来判断该火灾场景的合理性。

另一种方法在近些年的火灾研究中得到了充分的应用。它能准确地描述火灾场景中的火势蔓延和烟气流动，也考虑了建筑物中各种障碍物和门窗空洞对温度场分布的影响。但设定的可燃物质的反应热和燃烧物的燃烧速率是否准确合理，决定着火灾大小的合理性。因为燃烧速率是一个复杂的函数，它与火焰通过对流与辐射反馈的热量和通过固体或者液体燃料传导的热量相关，这种方法带来了计算的不确定性。一般来说，利用可燃物质的反应热和蒸发热来设定火灾大小，可能会高估传递到可燃物表面的热量，因此我们在使用该方法时需要设定最大燃烧速率（BURNING-RATE-MAX）来阻止可燃物的过快分解，将可燃介质的燃烧速率控制在合理的范围之内。

由于乙烯装置/乙烯丙烯压缩机的高温高压高速旋转的工作特点，阀门和连接部位都是薄弱环节，设备中的可燃流体介质稍有泄露，极易引起设备的火灾或爆炸，事故原因较多。例如因腐蚀、疲劳断裂，可燃介质喷出；温度压力过高，积碳自燃和可燃物燃烧；密封油系统泄露严重，润滑油遇到高温设备燃烧；其中压缩机漏油的一个主要原因是浮环密封间隙增大。

该工程的大型乙烯装置/乙烯丙烯压缩机厂房中由汽轮机、压缩机、蒸汽系统、凝液系统、油系统、干气密封控制系统、工艺系统等七部分组成。其中管道错综复杂，每段管线都处于高温高压工作状态，任何一个薄弱环节损坏都会造成可燃物泄漏而发生火灾。在厂房建筑模型的设置中，经过简化处理，只设置了个别管线，但实际工程中，可能在压缩机厂房内的多个部位发生泄漏。由于实际工程中压缩机的操作平台采用钢格栅板，不需考虑平台上方的火源设置。

大型乙烯装置/乙烯丙烯压缩机系统由液压和温度等监控系统监测控制，若出现泄漏等情况，设备会及时停机，避免造成更大的损失。并且压缩机厂房地面会设置一些阻拦可燃物质流淌的措施，故本文对建筑的特征、使用功能、工艺特征等因素综合考虑分析，假定可燃物质泄漏后不出现大面积流淌，只会在泄漏区域分布。

本文主要考虑四个可燃介质泄漏位置：靠左侧窗口位置［（图 5-14（a）］、左侧压缩机系统下方［图 5-14（b）］、中间吊装孔位置［图 5-14（c）］、右侧压缩机系统下方［图 5-14（d）］。

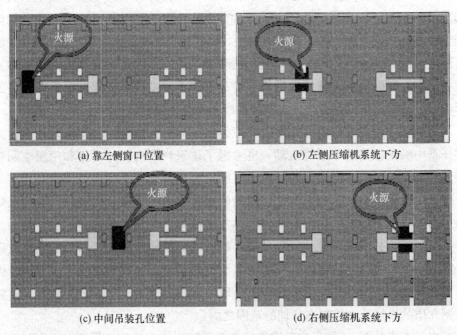

(a) 靠左侧窗口位置 (b) 左侧压缩机系统下方

(c) 中间吊装孔位置 (d) 右侧压缩机系统下方

图 5-14　火源布置图

该工程的可燃介质泄漏量可以根据流体力学的柏努利方程计算，其泄漏速度为式（5-2）：

$$Q_0 = C_d A \rho \sqrt{\frac{2(P-P_0)}{\rho} + 2gh} \tag{5-2}$$

式中　Q_0——液体泄漏速度，kg/s；

　　　C_d——液体泄漏系数；

　　　A——裂口面积，m^2；

　　　ρ——泄漏液体密度，kg/m^3；

P——容器内介质压力，Pa；

P_0——环境压力，Pa；

g——重力加速度，$g=9.8 \text{m/s}^2$；

h——裂口之上液位高度，m。

乙烯装置/乙烯丙烯压缩机的工作压力一般为 10～30atm，泄露的可燃介质密度约为 750kg/m^3，密封系统中的浮环失效，出现 $A=5\text{mm} \times 2\text{mm}=10\text{mm}^2$ 的裂缝，经计算可燃介质的泄漏速度为 $Q_0 \approx 1.5 \text{kg/s}$。若仅发生泄露 5min 后设备停机，泄漏得到控制，泄露总量约为 450kg。由于压缩机厂房地面一般设置有防止液体蔓延的建筑措施，故设计泄露的可燃物质分布在 3m×3m 的范围之内。

4. 边界条件的设置

边界条件主要包括：热边界条件和速度边界条件。

由于材料的热物理性能对模拟结果影响巨大，例如，FDS 软件自带的室内沙发模型，设置小的火源很难把沙发引燃，其原因为火源热量未能达到沙发泡沫引燃所需的能量。火源将燃烧数秒后自动熄灭，可以说"点火失败"。但我们若改变沙发泡沫的热边界条件，将它的引燃点改为 300℃甚至更低，沙发模型将被迅速引燃，"点火成功"。但这种设置明显不符合材料的真实热物理属性。

热物理属性参数包括材料密度（DENSITY）、导热系数（CONDUCTIVITY）、比热容（SPECIFIC HEAT）等。例如，通过 MATL 命令设置热物理性参数：

```
&MATL ID='BRICK'
CONDUCTIVITY= 0.78
SPECIFIC_ HEAT= 0.94
DENSITY= 780. /
```

材料的导热系数和比热容一般会随着自身温度的变化而变化。在 FDS 软件模拟过程中，可以将材料的导热系数在 MATL 命令行中设定为变化参数。例如，若把材料的导热系数设置为变化参数，通过 MATL 命令行可进行如下设置：

```
&MATL ID='BRICK'
CONDUCTIVITY_ RAMP= 'c_ ramp'
SPECIFIC_ HEAT= 0.75
DENSITY= 1500. /
&RAMP ID= 'c_ ramp', T= 25, F= 1.00
&RAMP ID= 'c_ ramp', T= 40, F= 1.08
&RAMP ID= 'c_ ramp', T= 75, F= 1.15
&RAMP ID= 'c_ ramp', T= 200, F= 1.45
```

本文中结合实际工程和早期的文献调研，模型文件中主要包括钢材（STEEL）、混凝土（CONCRETE）、可燃流体（ETHANOL LIQUID）等三种材料，材料属性定义见下述文件：

```
&MATL ID= 'STEEL', FYI= 'Drysdale, Intro to Fire Dynamics-ATF NIST Multi-
Floor Validation',
     SPECIFIC_ HEAT= 0.4600,
     CONDUCTIVITY= 45.80,
     DENSITY= 7.8500000E003,
     EMISSIVITY= 0.95/
&MATL ID= 'CONCRETE',
     FYI= 'NBSIR 88-3752-ATF NIST Multi-Floor Validation',
     SPECIFIC_ HEAT= 1.04,
     CONDUCTIVITY= 1.80,
     DENSITY= 2.2800000E003/
&MATL ID= 'ETHANOL LIQUID',
     FYI= 'VU Ethanol Pan Fire FDS5 Validation',
     SPECIFIC_ HEAT= 2.45,
     CONDUCTIVITY= 0.1700,
     DENSITY= 787.00,
     ABSORPTION_ COEFFICIENT= 40.00,
     EMISSIVITY= 1.00,
     HEAT_ OF_ REACTION= 880.00,
     NU_ FUEL= 0.97,
     BOILING_ TEMPERATURE= 76.00/
```

速度边界条件主要是针对通风口和排风口的描述。通风的条件对火灾的热释放速率和规模有着很大的影响。通风的条件主要改变火灾场景中的空气成分，增加氧气占比，提供更好的燃烧环境。排风主要考虑火灾产生的烟气排放，降低烟气浓度，为人员的逃生提供时间。

下面是一个通风和排风的设置文件：

```
&SURF  ID  = 'VENT', VEL= - 1.5, TMPWAL= 25. /
&SURF  ID  = 'PAIYAN', VEL= 2, VEL_ T= 0.6, - 0.5/
```

命名为 VENT 的通风口将 25℃的空气以 1.5m/s 的速度吹进计算模型区域。速度为正表示计算区域空气被吸出，那么对温度（TMPWAL＝25.）进行定义就没有意义了，其作用相当于排风口。

命名为 PAIYAN 的排风口，通过天窗向空间外以法向风速 2m/s（Z 方向）排烟，并以切向风速 0.6m/s 和 −0.5m/s（X 或 Y 方向）的速度排烟。

■ 5.3 不同火灾场景下热释放速率

5.3.1 热释放速率曲线的设定

火灾的热释放速率是火灾场景设计的一个重要参数。它表示在单位时间内场景中燃烧物燃烧所释放的热量，它表示了火源释放热量的能力和释放能量的快慢及大小。HRRPUA 值越大，燃烧反馈给燃烧物表面的热量就越多，进一步加快材料热解速度和增多挥发性可燃物生成量，从而加速了火势的蔓延传播。

在过去的几十年中，火灾场景中热释放速率的测量方式有了较大的发展和进步，出现了多种基于氧消耗原理的热释放速率测试方法[15]，根据试验规模大小主要有全尺寸测量 HRR（包括敞开燃烧型 HRR 量热仪和国际标准 ISO 9705、ASTME 1590 的房间火灾测试）、中等规模测量（ASTME 1623）和小型实验室规模测量（ASTME 1354，ISO 5660）。于此同时，区域模型（Zone Model）火灾模拟方法和基于质量损失素的热释放速率测试方法得到了充分的发展和应用，美国标准与技术研究所（NIST）开发的 FDS 和 PYROSIM 软件就是采用区域模型构造接近于实际情况的火灾热释放速率模型。

多年来，研究人员提出了通过一些数学模型分析计算，常用的火灾热释放速率模型主要有 3 种：

（1）t^2 模型——美国标准技术研究所 NIST 的 CFAST 软件中应用的模型。

（2）MRFC 软件模型——奥地利维也纳工业大学火灾防护研究所。

（3）FFB 应用的模型——德国卡尔斯鲁厄大学火灾研究所。

表 5-4 不同类型火灾对应的火灾发展系数

火灾类型	慢速增长	中速增长	快速增长	超快速增长
火灾发展系数	0.002913	0.01172	0.04698	0.1878

t^2 模型是在增长阶段时间较短，一般在 100～200s 之间即可迅速达到峰值，然后维持这个峰值较长时间后进入衰落阶段（图 5-15）。

由于燃烧是一个非常复杂的物理化学过程，对其进行数值模拟是一项极具挑战性的工作，前期文献中所做的数值模拟工作多数是把热释放速率作为一个输入参数，控制火灾规模。FDS 数值软件为用户提供了双曲正切函数、t^2 函数等多种函数模型，或者用户可以根据建筑火灾的不同特点自定义火源的热释放速率曲线。例如设置一个热释放速率为 800kW 的火源，经常采用图 5-16 给出的四种曲线型式来描述火灾的热释放速率。

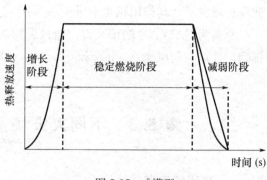

图 5-15 t^2 模型

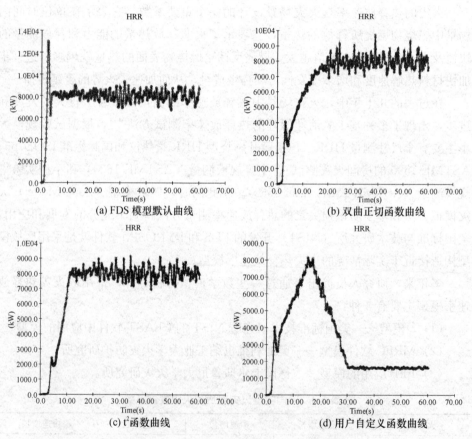

图 5-16 不同的火灾场景热释放速率曲线图

笔者在数值模拟设置中，燃烧反应采用 FDS 软件默认的基于氧消耗原理的热释放速率测试方法，通过设置燃料的反应热和燃料的蒸发热（HEAT-OF-VAPORIZATION）来控制热量释放速率 HRRPUA，热释放速率曲线则采用 t^2 函数曲线进行设计。

124

其中，基于氧消耗原理的热释放速率测试方法设置如下：

```
&REAC ID= '反应', C= 3.00, H= 8.00, O= 0.00, N= 0.00, HRRPUV_ AVERAGE= 800.00/
```

燃料的热反应设置如下：

```
&MATL ID= '燃料',
SPECIFIC_ HEAT= 2.45, CONDUCTIVITY= 0.1700, DENSITY= 787.00,
ABSORPTION_ COEFFICIENT= 40.00, EMISSIVITY= 1.00, HEAT_ OF_ REACTION= 880.00,
NU_ FUEL= 0.97, BOILING_ TEMPERATURE= 76.00/
```

由于采用基于氧消耗原理测试热释放速率，并由材料自身的反应热来控制热释放速率，影响火灾规模的外界因素将给火灾场景的热释放速率带来很多的不确定性，下面章节将重点研究火源位置变化和门窗洞口开启闭合对热释放速率的影响。

5.3.2　火源位置不同对热释放速率的影响

1. 场景 1～场景 4 的热释放速率

火灾场景编号为 1～4 的四个场景中，初始温度为 30℃，炎热无风天气，门窗洞口全部开启，可燃物质在不同位置泄露一定量后设备及时停机，可燃物质遇高温设备装置迅速燃烧（图 5-17）。

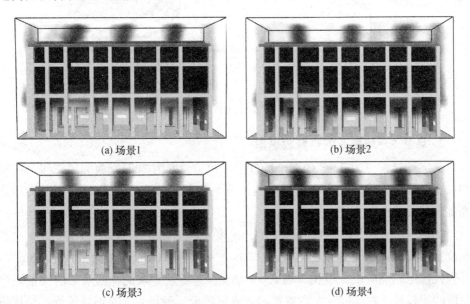

(a) 场景1　　　　　　　　　　(b) 场景2

(c) 场景3　　　　　　　　　　(d) 场景4

图 5-17　火灾场景 1～场景 4

场景1～场景4的热释放速率增长阶段所用时间不同（图5-18），在场景3吊装孔位置的火源，增长速度最快，在200s左右即能达到HRRPUA的最大值60MW，并进入稳定燃烧阶段，但相对场景1、场景2、场景4来说，场景3的稳定燃烧阶段时间更短，在1100s左右就要进入衰减阶段。而场景1靠近建筑维护结构位置的火源，增长速度较慢，在500s左右才能进入稳定燃烧阶段，HRRPUA的最大值仅为45MW，HRRPUA的最大值与场景3相比相差25％。基于能量守恒定律，场景1的稳定燃烧阶段较长，在1600s左右才进入衰减阶段。

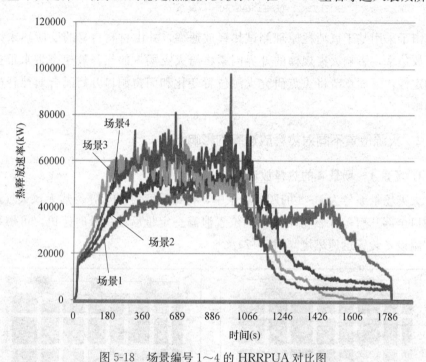

图5-18　场景编号1～4的HRRPUA对比图

2. 场景5～场景8的热释放速率

火灾场景编号为5～8的四个场景中，初始温度为30℃，西北风三级，门窗洞口全部开启，可燃物质在不同位置泄露一定量后设备及时停机，可燃物质遇高温设备装置迅速燃烧（图5-19）。

场景5～场景8的热释放速率增长速度不同（图5-20），在场景7位于吊装孔位置的火源，增长速度最快，在200s左右达到HRRPUA的最大值68MW，并进入稳定燃烧阶段。但相对场景5、场景6、场景8来说，场景7的稳定燃烧阶段时间较短，在1000s左右就要进入衰退阶段。而场景5靠近建筑维护结构位置的火源，类似场景1，增长速度较慢，在600s左右才能进入稳定燃烧阶段，HRRPUA的最大值为50MW，HRRPUA的最大值与场景7相比减小了26％。

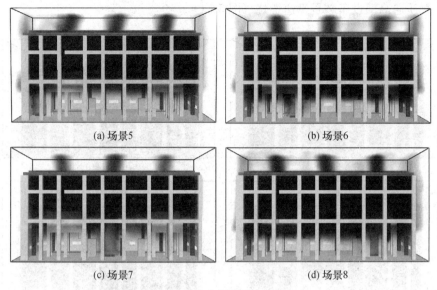

(a) 场景5　　　　　　　　　　　　　(b) 场景6

(c) 场景7　　　　　　　　　　　　　(d) 场景8

图 5-19　火灾场景 5～场景 8

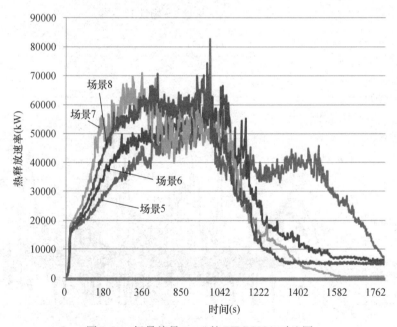

图 5-20　场景编号 5～8 的 HRRPUA 对比图

3. 场景 9～场景 12 的热释放速率对比分析

火灾场景编号为 9～12 的四个场景中，初始环境温度为－30℃，冬季采暖需求，门窗洞口全部关闭，可燃物质在不同位置泄露一定量后设备及时停机，

127

可燃物质遇高温设备装置迅速燃烧（图 5-21）。

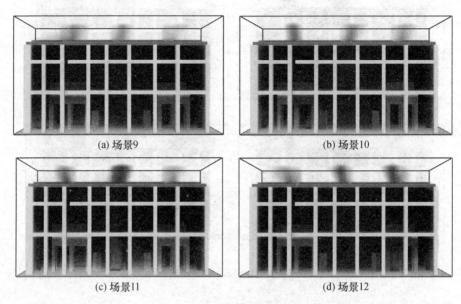

(a) 场景9　　　　　　　　　　　(b) 场景10

(c) 场景11　　　　　　　　　　　(d) 场景12

图 5-21　火灾场景 9～场景 12

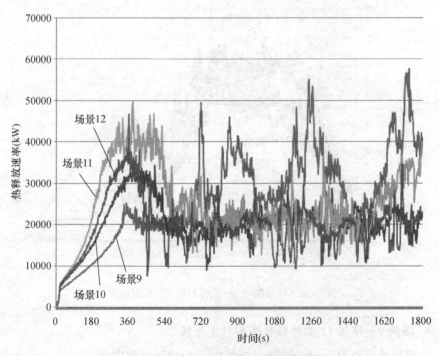

图 5-22　场景编号 9～12 的 HRRPUA 对比图

场景 9～场景 12 的热释放速率在经历初期不同增长阶段后，四个场景中火源在吊装孔位置的场景 11 热释放速率最高，在 300s 左右达到最大热释放速率，但仅达到 40MW，且稳定燃烧阶段都出现波动现象。而相对较低的场景 9 火源位置靠近建筑物维护墙体，热释放速率明显受到扰动，波动现象十分明显，并且初期火灾热释放速率较低，仅为 24MW 左右，不过稳定阶段出现明显波动，热释放速率出现较高值。场景 10 和场景 12 也出现小幅度波动，达到峰值时迅速衰落，并稳定在 20MW 左右。

出现场景 9～场景 12 的这种现象，笔者认为是由于门窗洞口全部关闭导致火灾过程中产生的烟气无法及时排除室外，不能和室外空气流通交换，氧气供应不足造成燃烧速率下降较快，且烟气在室内流动形成涡流抑制可燃物质的燃烧。

4. 小结

火灾过程中，可燃物质产生大量的高温烟气，烟气是否能够及时与附近空气流通交换，即是否能够及时提供可供燃烧的氧气将决定着火灾的热释放速率。

火源处于开阔的空间时，如本课题的压缩机厂房吊装孔位置，高温烟气不受建筑结构和工艺设备的阻拦，能够及时扩散到屋顶或四周无障碍物的空间，可以顺利地与附近的空气流通交换，得到充足的氧气供应火源的燃烧，热释放速率就相对较高。

火源处于狭隘的空间或者火源附近有建筑物墙体等障碍物时，如本课题的压缩机厂房压缩机设备下和靠近建筑墙体的位置，将影响空气的流通，烟气滞留在狭隘的空间内造成外部空气不能进入，燃烧未能得到充分的氧气补给，热释放速率就会相对较低，甚至出现热释放速率的波动现象。

5.3.3　门窗洞口对热释放速率的影响

该项目压缩机厂房的门窗洞口的开启或者关闭影响着火灾过程中外界空气对室内燃烧物质的氧气补给，并影响着烟气的流动和该厂房自然排烟的能力。燃烧过程中不断地有外界空气进入，势必会影响火势的大小。

笔者采用上节火源位置不同对热释放速率影响的方法，即认为对比的火灾场景中火源位置相同、初始环境相同、可燃物质的燃烧属性、可燃物总量相同以及其他外界条件全部相同的情况下，仅对比门窗洞口是否开启的不同场景下热释放速率的变化和影响。以下结果分析对比分为四组，分别是场景 1 和场景 9 对比、场景 2 和场景 10 对比、场景 3 和场景 11 对比、场景 4 和场景 12 对比（图 5-23～图 5-26）。

1. 场景 1 和场景 9 的对比分析

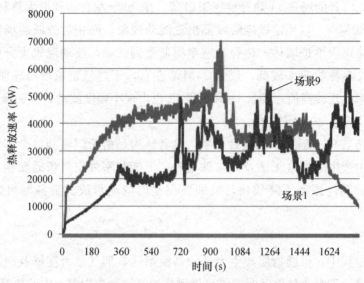

图 5-23　场景 1 和场景 9 的 HRRPUA 对比图

　　场景 1 的热释放速率经过 300s 左右的增长阶段后，稳定在 48MW 左右，稳定燃烧到 1500s 后才进入衰退阶段，稳定燃烧的时间较长，但衰退迅速；而场景 9 的热释放速率经过 300s 左右的增长后，仅为 22MW 左右，稳定燃烧到 700s 左右后，受周边墙体阻碍空气流通影响，热释放速率出现波动现象，在 30MW 上下波动，直到 1800s 模拟时间结束仍未进入衰减阶段，符合质量和能量守恒定律。

　　场景 1 与场景 9 的稳定热释放速率分别在 48MW 和 30MW 左右，场景 1 的热释放速率是场景 9 的 1.6 倍左右。

2. 场景 2 和场景 10 的对比分析

　　场景 2 经过 360s 左右的初期增长阶段后，热释放速率稳定在 55MW 左右，经历了 1200s 后，迅速进入衰减阶段；场景 10 的热释放速率也在 360s 左右到达最大值 32MW，但未能在 32MW 稳定，在 580s 时降为约 20MW，并上下出现波动现象，并持续到模拟时间结束仍未进入衰减阶段。

　　场景 2 与场景 10 从初期进入稳定阶段的最大热释放速率分别在 55MW 和 33MW 左右，场景 2 的热释放速率是场景 10 的 1.67 倍左右。

　　笔者认为，由于在火源初期增长阶段热释放速率值较低，需要的氧气相对较少，火源附近的空气足以满足可燃物质的初期燃烧。随后进入稳定燃烧阶段，需要大量的空气补给，同时产生烟气的速度更快，烟气更多。场景 10 由于门窗

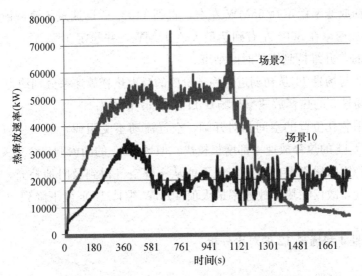

图 5-24　场景 2 和场景 10 的 HRRPUA 对比图

洞口全部关闭，产生的烟气不能及时排放到室外，室外的空气不能及时给可燃物体提供氧气，仅靠室内的氧气维持燃烧。

3. 场景 3 和场景 11 的对比分析

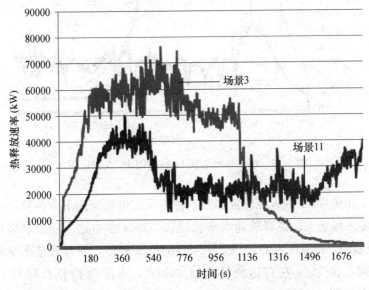

图 5-25　场景 3 和场景 11 的 HRRPUA 对比图

场景 3 和场景 11 的火源位置都处于吊装孔位置，属于空间较开阔的位置。场景 3 的热释放速率增长较快，在 2000s 左右结束初期增长阶段，进入稳定燃烧阶段后热释放速率稳定在 65MW 左右，直到 1100s 后迅速进入衰减阶段；场景 11 的热释放速率在 300s 左右到达最大值 40MW，并稳定 150s 后，迅速下降到 20MW 左右，并维持到模拟时间结束。

场景 3 与场景 11 从初期进入稳定阶段的最大热释放速率分别约为 65MW 和 40MW，场景 3 的热释放速率是场景 11 的 1.62 倍左右。

由于吊装孔位置的空间相对开阔，空气流动不受阻碍，氧气供应充分，场景 3 和场景 11 的热释放速率都增长较快。但场景 11 的门窗洞口全部关闭，火源燃烧进入稳定阶段需要的大量空气不能从室外空气得到及时地补充，仅靠室内空间的空气，故仅在热释放速率最大值 40MW 维持 150s 就下降到 20MW 左右稳定燃烧。

4. 场景 4 和场景 12 的对比分析

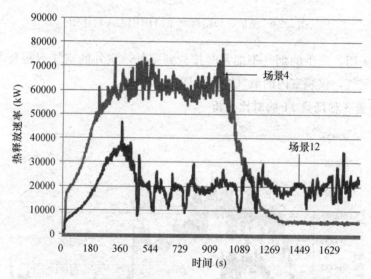

图 5-26　场景 4 和场景 12 的 HRRPUA 对比图

场景 4 和场景 12 的火源位置都处于右侧压缩机系统的下方位置，火源周围障碍物较多。场景 4 的热释放速率增长较快，380s 左右进入稳定燃烧阶段，热释放速率稳定在 60MW 左右；场景 12 与场景 10 相似，热释放速率受氧气供应不足的限制，在 360s 左右达到最大值 36MW，未能维持较长时间就衰退到 20MW 左右波动。

场景 4 与场景 12 从初期进入稳定阶段的最大热释放速率分别约为 60MW 和 36MW，场景 4 的热释放速率是场景 12 的 1.66 倍左右。

5. 小结

经过四组场景对比分析，可以看出门窗全部开启的场景下，产生的烟气沿门窗洞口迅速排出，排烟能力强，室内外空气流通，对室内燃烧物提供氧气补给，所以门窗开启场景可燃物燃烧充分；而未开启门窗洞口的场景燃烧过程中，受到建筑物的排烟限制，燃烧产生的烟气无法及时释放出去，室外空气也无法对室内燃烧提供补给，并且自身产生的有毒不可燃气体也将抑制可燃介质的燃烧，所以热释放速率较低。

综合上述四组场景的对比分析，开启门窗洞口最大热释放速率是未开启门窗洞口场景下的最大热释放速率的 1.6 倍左右。笔者认为在上述火灾场景设计下，开启门窗将更不利于火势的控制，但这里尚未考虑烟气浓度及烟气可见度对人员迅速逃离火场的影响，后面章节将会分析其他因素对火灾场景的影响。

■ 5.4　温度场及烟气可见度分析

不同场景下的火灾趋势以及规模必定受到火源位置、门窗洞口、初始环境等条件因素的影响。不同场景的火灾温度场分布也会受到这些因素的影响。本节重点关注不同场景下温度场的分布情况，综合分析不同场景对温度场分布规律以及最高单点温度的变化趋势的影响。

乙烯装置/乙烯丙烯压缩机厂房的所有场景设置中均不考虑消防人员对火灾的控制，并设置排烟系统停止工作等不利因素，模拟时间定为 30min。该小节重点分析在影响火灾规模的其他因素条件完全相同时，不同火灾场景中可燃物泄露位置不同的情况下对热释放速率的影响变化规律。

火灾场景模拟计算中设置了多个 X、Y、Z 方向的温度切片、单点温度测试器、三维动态等温曲面值（红色 100℃，白色 200℃，绿色 300℃）、烟气可见度切片等输出装置。

本节笔者重点分析：Y 向温度切片、X 向温度切片、等温曲面图、平台位置温度切片、平台上方温度切片、屋顶温度切片、单点温度曲线（屋顶温度、平台温度、平台上部温度）。

以下采用的所有火灾场景中的温度切片或者等温曲面图都是该火灾场景的稳定阶段时的温度切片或等温曲面，对比分析在稳定阶段（温度最高）时温度场分布状况，从而判断各个火灾场景的危险区域。

5.4.1 火源位置不同对温度场的影响

1. 场景1~场景4的温度场分析对比

火灾场景模拟计算中设置了通过火源的 X、Y 方向的温度切片，可以看出这两个方向温度较高的区域，进而判断出哪些部位的构件处于危险状态。

场景1~场景4在稳定燃烧阶段的 Y 向温度切片如图5-27~图5-30所示，可以看出场景1~场景4的温度场最高温度分别可达615℃、1000℃、825℃、1000℃。从温度切片可以清楚地看到红色区域的高温区域主要集中在标高10.500m的操作平台处。

由于场景中火源设置的位置不同，热量的流动和分布有着较大的区别。

场景1的燃烧产生的高温气流传过钢格栅板向屋顶扩散，靠近火源上方位置的屋顶温度比远离火源的屋顶温度高很多，并且远离火源位置的10m以下的空间内受火源辐射的影响较小，温度低于100℃，远比同一位置上的屋顶温度低很多。

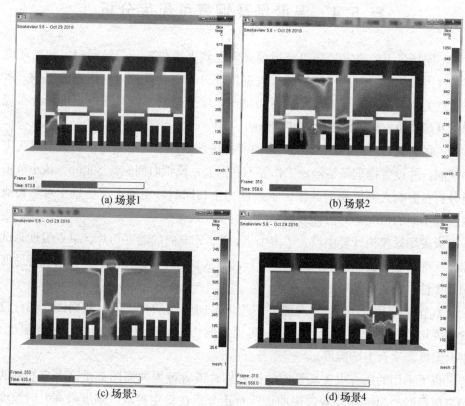

(a) 场景1 (b) 场景2

(c) 场景3 (d) 场景4

图 5-27　场景1~场景4的 Y 向温度切片图

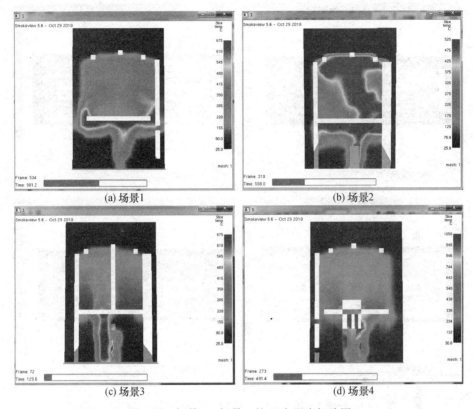

(a) 场景1　　　　　　　　　　　　　(b) 场景2

(c) 场景3　　　　　　　　　　　　　(d) 场景4

图 5-28　场景 1～场景 4 的 X 向温度切片图

场景 2 火源位置处于左侧压缩机设备的下方，但场景 2 的火源位置离吊装孔较近，场景 2 的高温烟气向空间开阔的吊装孔位置蔓延，热量集中在吊装孔的平台位置处，并穿过平台在屋顶聚集。

场景 3 火源位置处于吊装孔位置，火源上部没有任何障碍物，高温烟气不在平台位置聚集，迅速集中在吊装孔上方的屋顶位置，并逐渐向周围蔓延。

场景 4 火源处于右侧压缩机设备的下方，离吊装孔较远，产生的高温气体通过压缩机设备周边的钢格栅板向屋顶蔓延，并向周围扩散。

从场景 1～场景 4 的 X、Y 方向的温度切片判断，标高为 10.500m 的平台梁和屋顶钢梁处于高温环境中。设置平台位置 $Z=10.5m$ 和屋顶位置 $Z=22m$ 处的温度切片，重点分析这两个危险区域的温度场分布。从图 5-29 和图 5-30 的温度切片中可以看到，这 4 个场景的火源上方标高为 10.5m 的平台处的高温区域几乎将平台的所有区域全部覆盖。在火灾发生一定时间后，屋顶的空气温度几乎相同，高温烟气分布相对均匀。

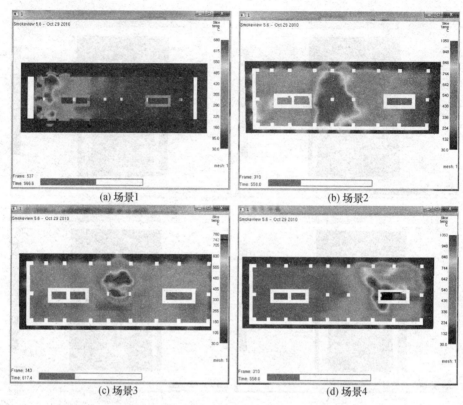

(a) 场景1 (b) 场景2

(c) 场景3 (d) 场景4

图 5-29　场景 1~场景 4 的标高 10.500m 处平台的温度切片图

温度切片仅能大概判断高温区域，却不能准确地表达某一位置的温度值。本文通过设置大量的单点温度测试器来检测温度场的分布，并得到了大量的准确温度值。通过采样对比分析方法来比较不同火灾场景下的火源上方 10.5m 处平台、平台上方 1.5m 处（标高 12m）和屋顶（取标高 22m）的温度值，如图 5-31~图 5-33 所示。

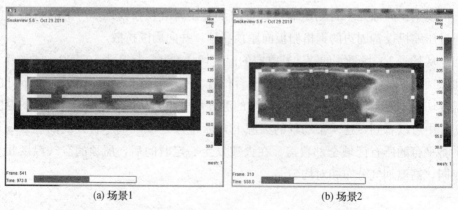

(a) 场景1 (b) 场景2

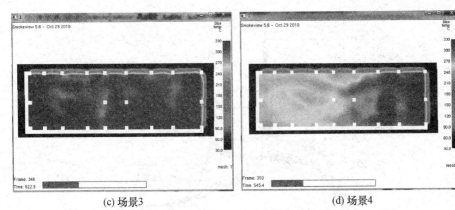

(c) 场景3　　　　　　　　　　　　　(d) 场景4

图 5-30　场景 1~场景 4 的厂房屋顶温度切片图

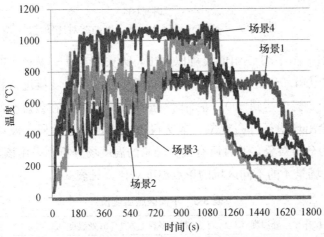

图 5-31　场景 1~场景 4 操作平台处温度曲线对比图

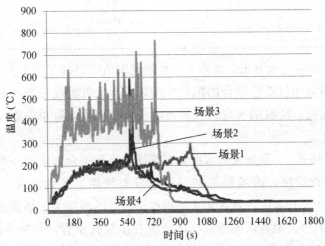

图 5-32　场景 1~场景 4 操作平台上方 1.5m 处温度曲线对比图

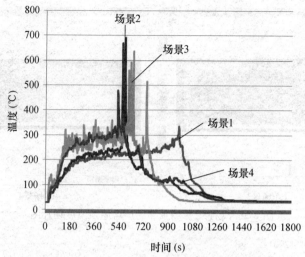

图 5-33　场景 1～场景 4 屋顶温度曲线对比图

从图 5-31～图 5-33 三组曲线可以看出，火灾场景 1～场景 4 的火源上方的平台、平台上方 1.5m 处以及屋顶均在 200s 左右单点温度值进入稳定阶段。火灾燃烧过程中，温度达到 500℃左右时一般会出现轰燃，在轰燃瞬间热释放速率和单点温度会出现明显升高现象。本文仅考虑稳定燃烧阶段，波动离散的瞬间温度值不作为分析对象，并且所有火灾场景的温度场分析都采用该方法。

场景 1～场景 4 的不同区域的单点温度对比，见表 5-5。

表 5-5　不同区域温度值

场景编号	操作平台处温度（℃）	操作平台上方 1.5m 处温度（℃）	屋顶温度（℃）
1	700	200	230
2	650	210	250
3	800	450	300
4	1000	210	270

从表 5-5 的温度值看出，操作平台处的温度值明显高于平台上方 1.5m 处的温度，可见热量经过操作平台的阻拦作用，平台上方温度位置明显下降。穿过平台钢格栅板后，高温烟气带着热量再次在屋顶聚集，屋顶的温度值也略高于平台上部温度。

场景 1、场景 2、场景 4 的温度分布规律为操作平台温度＞＞屋顶温度＞平台上方 1.5m 处温度，而场景 3 的温度场分布规律为平台温度＞＞平台上方 1.5m 处温度＞屋顶温度，且场景 4 的操作平台处的温度大于场景 3 该处的温度（1000℃＞800℃）。笔者认为场景 3 的火源在吊装孔位置，热量不受平台阻拦，热量未在平台位置聚集，温度呈现随着高度的增大而减低的趋势。

2. 场景5～场景8的温度场分析对比

场景5～场景8在稳定燃烧阶段的Y向温度切片如图5-34～图5-36所示，可以看出场景1～场景4的温度场最高温度分别可达680℃、1050℃、825℃、1050℃。从温度切片可以清楚地看到红色区域的高温区域主要集中在标高10.500m的操作平台处。

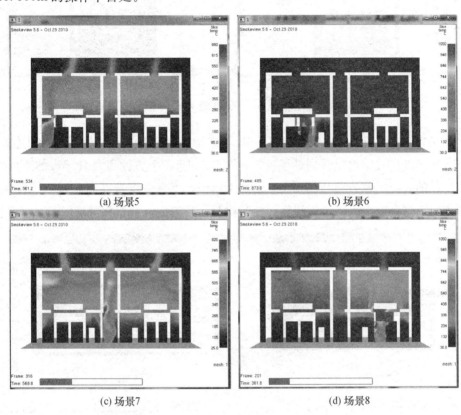

(a) 场景5 (b) 场景6

(c) 场景7 (d) 场景8

图5-34 场景5～场景8的Y向温度切片

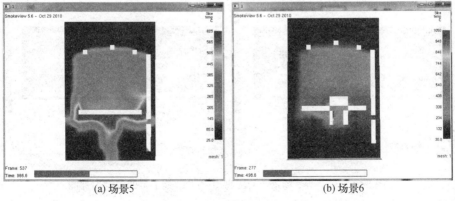

(a) 场景5 (b) 场景6

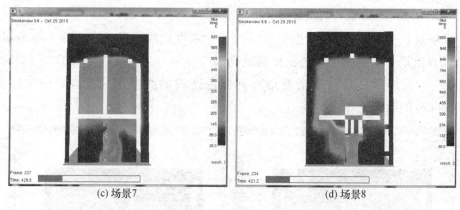

(c) 场景7 　　　　　　　　　　　(d) 场景8

图 5-35　场景 5～场景 8 的 X 向温度切片

　　场景 5～场景 8 的现象分别与场景 1～场景 4 的现象类似，这里不再累述。

　　从温度切片中可以看到，场景 5～场景 8 的火源上方标高为 10.5m 的平台处和屋顶的高温区域分布与场景 1～场景 4 相似，平台位置被高温区域全部覆盖。屋顶的空气温度在火灾进入稳定燃烧阶段时，高温烟气分布相对均匀。

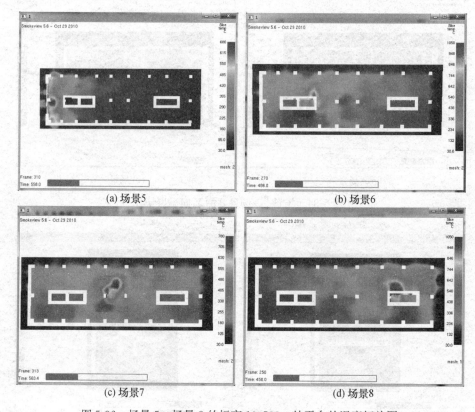

(a) 场景5 　　　　　　　　　　　(b) 场景6

(c) 场景7 　　　　　　　　　　　(d) 场景8

图 5-36　场景 5～场景 8 的标高 10.500m 处平台的温度切片图

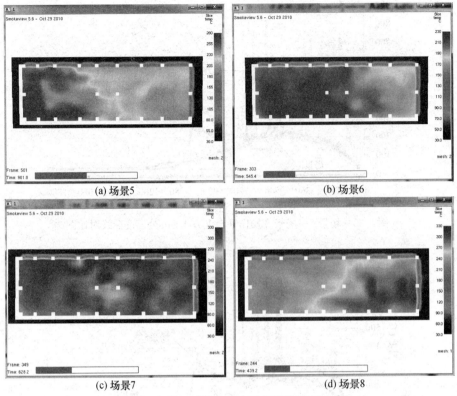

(a) 场景5 (b) 场景6

(c) 场景7 (d) 场景8

图 5-37　场景 5～场景 8 的厂房屋顶温度切片图

　　场景 5～场景 8 同样通过设置大量的单点温度测试器来检测温度场的分布，并得到了大量的准确温度值。通过采样对比分析方法，来比较不同火灾场景下的火源上方 1.5m 处平台、平台上方 1.5m 处（标高 12m）和屋顶（取标高 22m）的温度值，如图 5-38～图 5-40 所示。

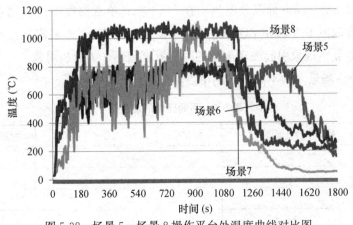

图 5-38　场景 5～场景 8 操作平台处温度曲线对比图

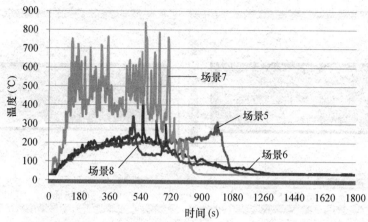

图 5-39　场景 5～场景 8 操作平台上方 1.5m 处温度曲线对比图

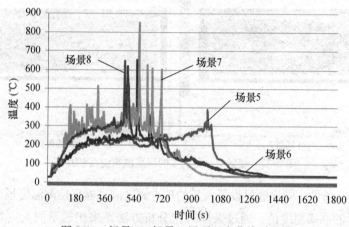

图 5-40　场景 5～场景 8 屋顶温度曲线对比图

从图 5-38～图 5-40 三组曲线可以看出，火灾场景 5～场景 8 的火源上方的平台、平台上方 1.5m 处以及屋顶均在 160s 左右单点温度值进入稳定阶段。场景 5 的温度取值不考虑火灾燃烧过程中，温度达到 500℃左右出现轰燃时的瞬时温度值，即轰燃现象引起波动离散的瞬间温度值不作为分析对象。

场景 5～场景 8 的不同区域的单点温度对比，见表 5-6。

表 5-6　不同区域的温度值

场景编号	操作平台处温度（℃）	操作平台上方 1.5m 处温度（℃）	屋顶温度（℃）
5	780	200	230
6	790	220	240
7	850	600	350
8	1050	210	280

从表5-6的温度值看出，场景5、场景6、场景8的温度分布规律：操作平台温度＞＞屋顶温度＞平台上方1.5m处温度。而场景7的温度分布规律：平台温度＞＞平台上方1.5m处温度＞屋顶温度。

值得一提的是，平台位置的温度场景8的值高于场景7的值，笔者认为是场景8受到右侧压缩机设备系统的阻碍，烟气完全不能及时与外界流通，热量不能顺利地传过钢格栅板，从而聚集在压缩机设备下部成为高达1000℃的高温区域。

3. 场景9～场景12的温度场分析对比

场景9～场景12在稳定燃烧阶段Y向和X向的温度切片如图5-41～图5.45所示，可以看出场景9～场景12的温度场最高温度分别可达475℃、625℃、675℃、725℃，与场景1～场景8比较，温度值明显偏低。

火灾稳定燃烧阶段的红色区域的高温区域主要集中在标高10.500m的操作平台处，从场景9～场景12的Y向温度切片发现远离火源的屋顶温度与火源上方屋顶的温度值相近，并且标高10.5m以下的空间也处于150℃左右的温度范围。

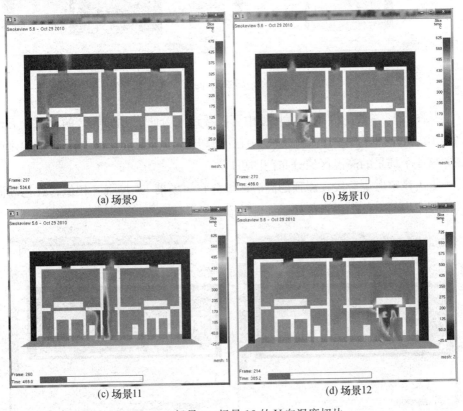

(a) 场景9　　　　　　　　　　　　　　(b) 场景10

(c) 场景11　　　　　　　　　　　　　　(d) 场景12

图 5-41　场景9～场景12的Y向温度切片

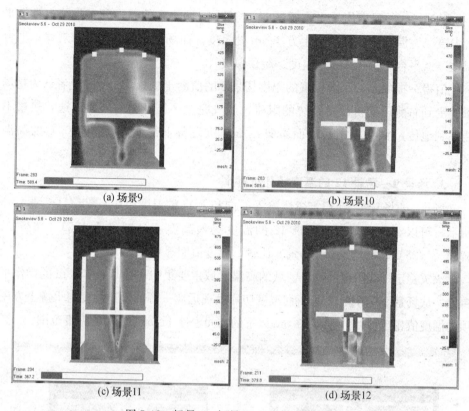

(a) 场景9　　　　　　　　　　　　(b) 场景10

(c) 场景11　　　　　　　　　　　　(d) 场景12

图 5-42　场景 9～场景 12 的 X 向温度切片

从图 5-43～图 5-44 的温度切片中可以看到，场景 9～场景 12 的火源上方标高为 10.5m 的平台处的高温区域集中在火源上方。相比场景 1～场景 8 的温度区域，这 4 个场景的高温区域分布范围更广。

火灾稳定燃烧阶段，屋顶的高温区域分布与场景 1～场景 8 相似，红色高温区域分布均匀，整个屋顶都处于高温状态。

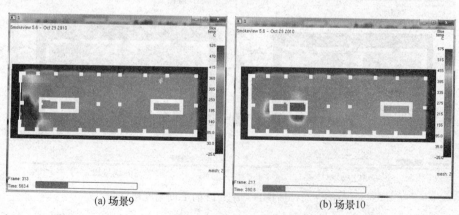

(a) 场景9　　　　　　　　　　　　(b) 场景10

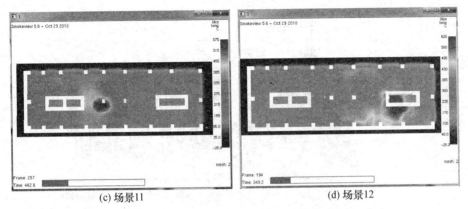

(c) 场景11　　　　　　　　　　　　　(d) 场景12

图 5-43　场景 9～场景 12 的标高 10.500m 处平台的温度切片图

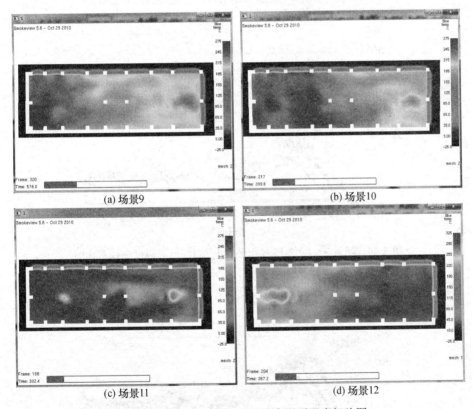

(a) 场景9　　　　　　　　　　　　　(b) 场景10

(c) 场景11　　　　　　　　　　　　　(d) 场景12

图 5-44　场景 9～场景 12 的厂房屋顶温度切片图

场景 9～场景 12 同样设置大量的单点温度测试器来检测温度场的分布，通过采样对比分析方法来比较不同火灾场景下的火源上方 10.5m 处平台、平台上方 1.5m 处（标高 12m）和屋顶（取标高 22m）的温度值，如图 5-45～图 5-47 所示。

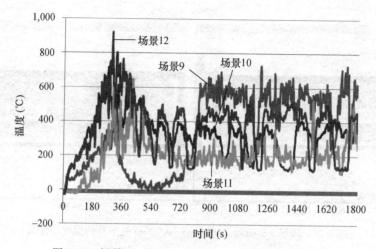

图 5-45　场景 9～场景 12 操作平台处温度曲线对比图

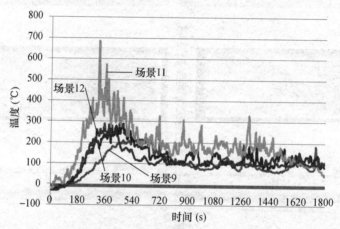

图 5-46　场景 9～场景 12 操作平台上方 1.5m 处温度曲线对比图

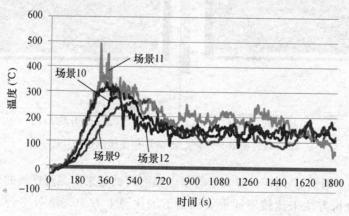

图 5-47　场景 9～场景 12 屋顶温度曲线对比图

从图 5-45～图 5-47 三组曲线可以看出，火灾场景 9～场景 12 的火源上方的平台、平台上方 1.5m 处以及屋顶均在 300s 左右单点温度值才进入稳定阶段。场景 9～场景 12 的温度取值不考虑火灾燃烧过程中，温度达到 500℃ 左右出现轰燃时的瞬时温度值，即轰燃现象引起波动离散的瞬间温度值不作为分析对象。

场景 9～场景 12 不同区域的单点温度对比，见表 5-7。

表 5-7　不同区域的温度值

场景编号	标高 10.500 平台温度（℃）	平台上方 1.5m 处温度（℃）	屋顶温度（℃）
9	600	100	140
10	370	150	160
11	400	250	220
12	420	100	150

从表 5-7 的温度值看出，场景 9、场景 10、场景 12 的温度分布规律：操作平台温度＞＞屋顶温度＞平台上方 1.5m 处温度。场景 11 的温度分布规律：平台温度＞＞平台上方 1.5m 处温度＞屋顶温度。

5.4.2　门窗洞口对温度场的影响

该节仅分析门窗洞口是否开启对温度场的影响，故分析对比过程中，依然认为火灾场景中除了门窗洞口这一变量不同外，其他条件完全相同。笔者仅对门窗洞口是否开启这唯一变量进行对比分析，研究该变量对温度场分布的影响。以下结果分析对比分为四组，分别是场景 1 和场景 9 对比、场景 2 和场景 10 对比、场景 3 和场景 11 对比、场景 4 和场景 12 对比。

由于 5.4.1 节中各场景温度曲线切片和单点温度曲线都已列出，以下仅采用表格对比各场景的温度场差异。

四组门窗洞口开启或闭合的场景温度对比，见表 5-8。

表 5-8　门窗洞口开启或闭合的场景温度对比

场景编号	标高 10.500m 平台温度（℃）	平台上方 1.5m 处温度（℃）	屋顶温度（℃）
1（和 9）	700（600）	200（100）	230（140）
2（和 10）	650（370）	210（150）	250（160）
3（和 11）	800（400）	450（250）	300（220）
4（和 12）	1000（420）	210（100）	270（150）

这三个区域的温度场从表 5-8 看出，门窗洞口全部开启的场景的温度场比关闭门窗洞口的场景的温度高很多。

147

由于门窗全部开启的场景下，产生的烟气沿门窗洞口及时排出，室内外空气流通较快，氧气补给充足，门窗开启场景可燃物燃烧充分，温度场相对较高；而未开启门窗洞口的场景燃烧过程中，受到建筑物的排烟限制，燃烧产生的烟气无法及时释放出去，室外空气也无法对室内燃烧提供补给，并且自身产生的有毒不可燃气体也将抑制可燃介质的燃烧，燃烧不充分，故温度场也相对较低。

5.4.3　不同场景下烟气温度及可见度的对比分析

火灾过程中，高温烟气阻碍了工作人员的逃离，并且对消防人员进入室内灭火造成了困难。一般情况下，人员的活动高度以及消防人员的观察高度都为 2m 左右，2m 高度处的烟气温度决定着消防人员救援环境是否安全。例如，根据澳大利亚 Fire Engineering Guideline（消防工程指南）中 4.3.4.2 条"生命安全标准"中的规定：2m 以下空间内的烟气温度不超过 60℃，且减光度小于 $0.1m^{-1}$（或能见度大于 10m）。

根据生产工艺特点及火灾场景，设定该项目的设计安全标准为：

（1）如果烟层下降到距离厂房地面 2m（标高 2.000）以下，烟气层的温度不应超过 60℃；

（2）距离地面上 2m 高度的能见度不小于 10.0m。

根据石化企业防火设计规范，要求消防车辆在 10～20min 内到达火灾现场，笔者假定火灾发生 600s 后消防人员进入火灾现场。由上面章节对火灾场景的对比分析，该小节只选取场景 3 和场景 11 两个"较为危险场景"，针对上述的两个安全指标对该厂房的消防安全进行探讨。

1. 火灾场景 3 的可见度及距地面 2m 处烟气温度分析

从火灾场景 3 的 630s 左右时的烟气可见度切片中可以看出，除火源上方外，烟气层未下降到 2m 以下，可见度依然在 20m 以上；从距地面 2m 处的 630s 时烟气温度切片（图 5-48）中看到，60℃ 等温线处于火源向外延伸约 5m 处，远离火源的位置平均温度在 35℃ 左右。

模拟计算过程中，整个稳定燃烧阶段内，厂房火灾场景中的这两项安全指标均满足要求，说明这个过程的烟气产生和排除达到了平衡，门窗洞口全部开启的场景下，自然排烟可以达到消防安全指标。

2. 火灾场景 11 的可见度及距地面 2m 处烟气温度分析

从火灾场景 11 的烟气可见度切片中可以看出，由于门窗洞口全部关闭以及排烟通风系统失效，烟气无法及时排放扩散，在 290s 左右时的烟气层就下降到 2m

以下，烟气可见度小于 10m；从距地面 2m 处的 600s 时烟气温度切片（图 5-49）中看到，60℃等温线位于压缩机厂房靠近维护墙体的边缘，即整个室内都处于 60℃以上的高温状态，平均温度在 140℃左右。

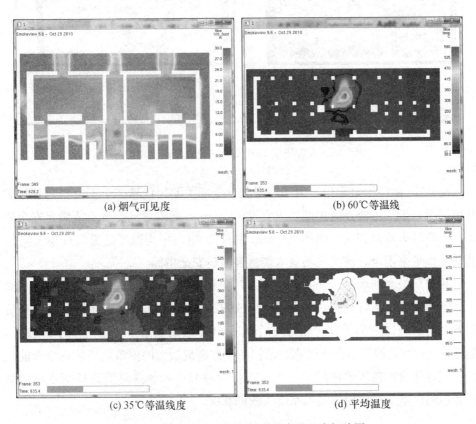

| (a) 烟气可见度 | (b) 60℃等温线 |
| (c) 35℃等温线度 | (d) 平均温度 |

图 5-48　火灾场景 3 的烟气可见度及温度切片图

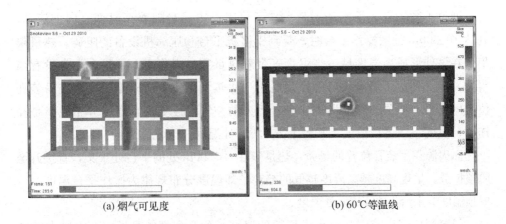

| (a) 烟气可见度 | (b) 60℃等温线 |

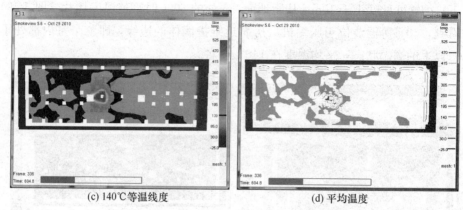

(c) 140℃等温线度   (d) 平均温度

图 5-49　火灾场景 11 的烟气可见度及温度切片图

场景 11 的模拟过程中，由于门窗洞口全部关闭，仅靠 3 个天窗口自然排烟的情况下，烟气不能及时扩散，火灾发生 5min 后烟气可见度就不能满足安全要求；等消防人员赶到火灾现场（10min 左右），室内平均温度远远超过 60℃，给消防工作带来困难，该火灾场景未能达到消防安全指标。

综合场景 3 和场景 11 的分析，在门窗洞口全部开启的场景下，自然排烟即可达到消防安全指标，机械排烟系统失效不影响消防安全；而在机械排烟系统失效、门窗洞口全部关闭，仅靠 3 个天窗口排烟的场景下，烟气层下降较快，距地面 2m 处的烟气温度也较高，对消防工作造成较大的困难，消防安全未能达标。笔者建议，在压缩机厂房冬季生产作业过程中，加强对消防排烟系统的维护和检测，避免机械排烟通风系统失效的状况。

5.4.4　小结

通过不同场景的温度场对比分析，可以看出热量随着高温烟气向上流动，到达 10.500m 处的操作平台时，受到钢格板平台和压缩机设备的阻碍，热量聚集，在该处形成高温区域。高温烟气带着热量穿过操作平台，平台上方没有障碍物，烟气到达压缩机厂房的屋顶后再一次热量聚集，所以除了火源在吊装孔位置的场景，屋顶的温度场也比平台上方的空气温度更高，温度分布规律是操作平台温度＞＞屋顶温度＞平台上方 1.5m 处温度。

而火源在吊装孔位置的场景，热量未在 10.500m 处的平台处聚集，直接升至屋顶扩散，呈现高度越高温度越低的趋势，即温度分布规律为操作平台温度＞＞屋顶温度＞平台上方 1.5m 处温度。

门窗洞口开启或闭合对火灾场景的温度场分布和烟气可见度有着巨大的影

响。经分析门窗洞口全部关闭的场景下，温度场相对较低，但烟气浓度较大、可见度很低，对工作人员的疏散和消防人员进入室内灭火造成了更大的困难。

经过该章节的火灾场景温度场的模拟分析计算，判断了该厂房的高温荷载区域。本文取所有火灾场景中这三个危险区域的最高温度场，作为压缩机厂房发生火灾情况下的温度场，详见表5-9"最危险场景"温度场。

表5-9　"最危险场景"温度场

场景编号	标高10.500m平台最高温度（℃）	平台上方1.5m处最高温度（℃）	屋顶最高温度（℃）
8	1050	—	—
7	—	600	—
7	—	—	350

表5-9给出的三个不同区域的温度值1050℃、600℃、350℃作为该压缩机厂房的火灾场景中这三个区域温度场。由于三个危险区域的温度值都超过了350℃，钢材在350℃的高温环境下，承载力会出现比较明显的下降。

现行的国内外规范和公司文件，一般仅要求多层钢结构10m甚至9m以下的梁、柱钢构件采用防火保护。而本文通过火灾场景设计模拟计算，发现10m以上的钢构件和屋顶同样处于高温环境状态下，存在安全隐患，笔者建议该压缩机厂房所有的钢构件都做防火保护。

■ 5.5　某压缩机厂房火灾下的钢构件升温分析

5.5.1　传热学原理

在火灾场景中，可燃物产生大量的热量，通过高温空气辐射、对流，钢构件也获得热量，温度随之升高。而固体构件内部靠着材料自身热属性进行热量传导。求解钢构件的温度时，一般根据傅里叶导热定律和热平衡原理，利用导热微积分方程，求得钢构件截面上的温度分布。

由钢构件自身截面特性，可分为轻型和重型钢构件。一般是根据单位长度构件表面积与体积之比F/V来划分钢构件是轻型或者重型钢构件。由于钢材是一种导热性能非常好的建筑材料，轻型钢构件一般可假定其截面上各点温度相同，温度均匀分布。

该工程的钢结构构件大都采用Q235B的H型、L型等钢构件，一般认为它们为轻型钢构件。在工程中为了具有实用性，可根据钢结构建筑的工作特点以及工程的具体要求，研究中忽略构件横截面温度的不均匀性，我们假定钢构件横断面上的温度分布均匀。

5.5.2 涂刷保护层的钢构件升温计算

钢结构构件的防火保护主要采用耐火材料包裹、空心封闭截面（主要是柱）冲水和直接在钢构件表面喷涂防火涂料等方法。本工程均采用超薄型防火涂料进行防火设计。针对超薄型防火涂料的材料属性（表5-10），来计算表面有超薄型防火涂料防火保护的该厂房的钢结构构件的升温情况。

表 5-10 超薄型防火涂料的属性

防火保护材料	密度（kg/m³）	导热系数 λ_i [W/（m·k）]
超薄型防火涂料	600～1000	0.02～0.05

一般在计算有超薄型防火涂料防火保护的钢结构构件的热传导时，采用传热学原理的傅里叶导热定律，进行热量传递计算，热量传递公式如式（5-3）：

$$q = \frac{\lambda_i}{d_i} F_i (T_g - T_s) \tag{5-3}$$

式中 λ_i——保护层的导热系数，W/（m·℃）；

d_i——保护层厚度，m；

F_i——单位构件长度上保护层的内表面积，m²/m；

T_g——火灾过程中空气温度，℃；

T_s——钢构件的温度，℃。

式（5-3）的求解式为式（5-4）：

$$T_s(t) = T_g(0) e^{-At} + A \int_0^t T_g(\tau) e^{[-A(t-\tau)]} d\tau \tag{5-4}$$

式中 T_g（t）——t 时刻的空气温度，℃。

T_s（t）——t 时刻钢构件的温度，℃；

T_g（0）——火灾的初始空气温度，℃；

式中，

$$A = \frac{F_i}{P_s C_s V} \frac{\lambda_i}{d_i} \tag{5-5}$$

C_s——钢材的比热容，J/（kg·℃）；

P_s——钢材的密度，kg/m³；

V——单位长度构件的体积，m³/m；

$\dfrac{F_i}{V}$——截面形状系数。

根据前几个章节不同火灾场景的对比分析，得出了可信的最危险场景。笔者认为该压缩机厂房的钢格构柱体系整体稳定性能安全可靠，故不作整体稳定安全分析，只针对厂房的局部构件作受温分析。

其中，标高10.500m处平台的工字型钢梁处于较高的温度场中，认定该处的钢梁为较危险构件，故作为重点之一进行计算分析。

根据文献资料的工程实例，屋顶的钢屋架结构受到火灾高温作用下，极易变形甚至倒塌，所以屋顶的钢屋架结构的钢梁也作为重点分析的对象。

由于该工程大型乙烯/丙烯压缩机厂房标高10.500m处平台的工字型钢梁多为450×200×9×14的H型钢，屋顶的钢屋架结构的主钢梁采用700×300×13×24的H型钢，次梁采用244×175×7×11的H型钢。

根据《石油化工企业设计防火规范》第7.2.2条条文说明，要求赶往火灾现场的消防车行车时间不应超过10~20min，（其中，装置火灾按10min、罐区火灾按20min），装置火灾应尽快扑救，以防蔓延。笔者在进行构件温度计算过程中，考虑消防人员对火势的控制作用，火灾现场在1800s内被控制，故只需计算在1800s内温度场下涂刷超薄型防火涂料后的钢梁随时间变化的温度。

本文采取保守计算，取火灾稳定燃烧阶段的温度值作为火场温度，并假定整个火灾过程处于恒温状态。《钢结构防火涂料》中要求，超薄型防火涂料厚度 ≤3mm[24]。又有规范要求，涂刷超薄型防火涂料的钢构件的耐火极限为1.5h的情况下，实际喷涂厚度应≥3mm，并且发泡厚度应在涂层厚度的10倍以上，取保护层厚度（发泡后）d_i=0.030m，导热系数取0.05W/（m·℃）。

表5-11　标高10.500m处平台钢梁在温度场下随时间变化的温度 T_s

时间 t (s)	外界温度 T_g (℃)	导热系数 λ_i [W/（m·℃）]	保护层厚度 d_i (m)	钢构件温度 T_s (℃)
100	1050	0.05	0.030	30
200	1050	0.05	0.030	37
400	1050	0.05	0.030	44
600	1050	0.05	0.030	51
800	1050	0.05	0.030	78
1000	1050	0.05	0.030	113
1200	1050	0.05	0.030	138
1400	1050	0.05	0.030	165
1600	1050	0.05	0.030	182
1800	1050	0.05	0.030	201

从表5-11可以看出，火灾场景温度场取1050℃计算时，经过1800s后，标高10.500m处平台钢梁（H型钢：450×200×9×14）的构件温度为201℃。

表 5-12　屋顶主钢梁（700×300×13×24）在温度场下随时间变化的温度 T_s

时间 t（s）	外界温度 T_g（℃）	导热系数 λ_i［w/（m·℃）］	保护层厚度 d_i（m）	钢构件温度 T_s（℃）
100	350	0.05	0.030	30
200	350	0.05	0.030	35
400	350	0.05	0.030	43
600	350	0.05	0.030	52
800	350	0.05	0.030	59
1000	350	0.05	0.030	68
1200	350	0.05	0.030	78
1400	350	0.05	0.030	94
1600	350	0.05	0.030	107
1800	350	0.05	0.030	122

从表 5-12 可以看出，火灾场景温度场取 350℃计算时，经过 1800s 后，屋顶主钢梁（H 型钢：700×300×13×24）的构件温度为 122℃。

表 5-13　屋顶次梁（244×175×7×11）在温度场下随时间变化的温度 T_s

时间 t（s）	外界温度 T_g（℃）	导热系数 λ_i［W/（m·℃）］	保护层厚度 d_i（m）	钢构件温度 T_s（℃）
100	350	0.05	0.030	30
200	350	0.05	0.030	33
400	350	0.05	0.030	41
600	350	0.05	0.030	48
800	350	0.05	0.030	56
1000	350	0.05	0.030	65
1200	350	0.05	0.030	77
1400	350	0.05	0.030	95
1600	350	0.05	0.030	105
1800	350	0.05	0.030	118

从表 5-13 可以看出，火灾场景温度场取 350℃计算时，经过 1800s 后，屋顶次钢梁（H 型钢：244×175×7×11）的构件温度为 118℃。

5.5.3　小结

在进行对涂刷有超薄型防火涂料的钢构件升温计算时，考虑石化企业的消防自救能力，假设火势在 1800s 内得到控制，故计算时仅考虑 30min 内该压缩机厂房的火灾场景下的钢构件的升温状况。根据钢材自身的耐火性能分析，钢材温度为 200℃时，屈服强度降低尚不明显；而温度达 350℃以上后，屈服强度急剧下降，甚至可能出现钢材"软化"，整体倒塌现象。

对标高为 10.500m 处的操作平台梁和屋顶的钢主次梁分别进行了升温计算和总结，处于 1050℃的平台梁在 1800s 后温度达到 201℃，而屋顶的钢主、次梁升温仅为 122℃和 118℃。

经过一系列的火灾场景设计，温度场分布计算和钢构件的升温计算，笔者认为，在不考虑超薄型防火涂料在酸、碱、盐、紫外线老化的环境下防火性能降低的情况下，对该厂房采用 3mm 厚的超薄型防火涂料防火设计，能够满足本设计 12 种火灾场景的防火要求，该厂房的钢结构体系的抗火性能安全可靠。

■ 5.6　结论

基于 FDS 和 PYROSIM 两款数值模拟软件，考虑建筑物尺寸、生产工艺、火源热释放速率、火源位置、可燃物的热燃烧属性、初始环境条件和门窗洞口等影响火灾场景的诸多因素，讨论设置方法，总结应用技巧，并对设计的 12 个不同的火灾场景进行数值模拟。

通过 12 个场景的数值模拟结果分析对比得出，火源位于吊装孔位置的场景和门窗全部开启的场景，障碍少、空间开阔，空气流通快，热释放速率较大，温度场较高，即火灾规模相对较大；火源位于靠近墙体或者位于压缩机设备下方位置时，障碍物多、空间狭小，烟气滞留，空气交换慢，热释放速率较低，温度场也较低，即火灾规模小。12 个场景的高温区域都集中于操作平台处和屋顶位置。门窗开启的消防安全指标满足要求，而门窗全部关闭靠自然排烟的场景不满足消防安全指标。

通过对温度场的分析，判断出"最危险火灾场景"，取其温度值并假定火灾整个过程都处于这个温度的恒温状态，根据传热学原理对涂刷有 3mm 厚超薄型防火涂料的操作平台和屋顶的主、次钢构件作升温分析，钢构件升温在 200℃左右，以钢材温度达到 350℃时屈服强度明显降低为判据，认为该压缩机厂房在此保护下的抗火性能安全可靠。

参考文献

［1］李引擎．建筑防火性能化设计［M］．北京：化学工业出版社，2005．

［2］刘斌．石油化工企业消防性能化分析与设计［D］．天津：天津大学 2007．

［3］兰静．基于性能化分析的聚合物仓库网架结构的防火研究［D］．北京：北方工业大学，2009．

［4］霍然，袁宏永．性能化建筑防火分析与设计［M］．安徽科学技术出版社，2003．

［5］GB 50160—2015 石油化工企业设计防火规范［S］．北京：建设部标准定额研究所，2015．

［6］Fire Dynamics Simulator（Version 5）User's Guide．NationalInstitute of Standards and Technology．

［7］PyroSim User Manual．www．thunderheadeng．com．

［8］网架结构设计与施工规程［S］．北京，中国建筑工业出版社，1991．

［9］佴士勇，宋文华，胡卫萱，等．可发性聚苯乙烯仓库的消防安全研究［J］．消防科学与技术，2007，26（3）：273-276．

［10］付祥钊，刘方，廖署江，等．建筑防火性能化设计［M］．重庆，重庆大学出版社，2007．

［11］BSDD240，Fire safety engineering in building：Part1：Guide to the application of fire safety engineering principles，1997．

［12］SFPE，Handbook of Fire Protection Engineering．Third Edition，2002．

［13］CECS 200：2006 建筑钢结构防火技术规范［S］．中国计划出版社，2006．

［14］建筑设计防火规范［M］．中国计划出版社，2015．

［15］许晋源，徐通模．燃烧学［M］．北京：机械工业出版社，1980．

［16］田玉敏．论"性能化"防火设计中的"设计火灾场景"．火灾科学，2003，12（1）．

［17］王多铭．石化类工厂室内储煤场消防性能化设计研究［D］．大连理工大学，2013．

［18］王福亮，刘激扬，王宝伟，等．我国性能化防火设计的实施方法［J］．消防科学与技术，2005，24（1）：44-46．

［19］李国强，韩林海，楼国彪，等．钢结构及-混凝土组合结构结构抗火设计［M］．北京：中国建筑工业出版社，2006．

［20］DGJ 08-88-2000 民用建筑防排烟技术规程［S］．上海，2000．

［21］徐海斌．性能化防火评估技术在大空间建筑的应用研究［D］．长沙：湖南大学，2006．

［22］J．Hietaniemi et al．Burning of Electrical Household Appliances：An Experimental Study［J］．VTT Research Notes No．2084，2001．

［23］SH3137-200 石油化工钢结构防火保护技术规范［S］．中华人民共和国国家发展和改革委员会，2004.

［24］霍然，胡源，李元洲．建筑火灾安全工程导论［M］．合肥：中国科学技术大学出版社，1999.

［25］胡源，尤飞，宋磊，等．聚合物材料火灾危险性分析与评估［M］．北京：化学工业出版社，2007.

［26］邓彦．性能化消防设计在大型综合厂、库房消防安全设计中应用的研究［D］．重庆：重庆大学，2005.

［27］张凤娥，乐巍．消防应用技术［M］．中国石化出版社，2016.

［28］姜冯辉，钟奇．聚合物燃烧火焰辐射及其温度的估算［J］．火灾科学，1994（1）：18-26.

［29］华锦乙烯改扩建聚合物仓库建筑、结构、水专业施工图.

［30］廖曙江，罗启才．火灾场景的确定原则和方法［J］．消防科学与技术，2004，23（3）：249-251.

［31］许金星．大型商业建筑防火分区风险评估研究［D］．北京建筑大学，2015.

［32］Brian J，Meacham，P. E．性能化消防安全设计的简要介绍［C］．北京：消防安全工程编译译文汇编，2001，1.

［33］GB 14907—2002 钢结构防火涂料［S］．2002-01-10.

［34］Kendik E. Assessment of Escape Routes in Buildings and a Design Method for Calculating Pedestrian Movement［J］，Society of Fire Protection Engineers. Boston，Massachusetts. 1985. SFPE Technology Report 85. 4.

［35］黄镇梁．建筑设计的防火性能［M］．北京：中国建筑工业出版社，2006.

［36］ogawa K. Study on fire escapes on the observation of multitude currents［P］. Building Research Institute，Ministry of Construction. Tokyo. 1955.

［37］Proulx G. Evacuation time and movement in apartment building［J］，Fire Safety Journal. 1995，24：229-246.

［38］张博思，张佳庆，孟燕华．性能化防火设计中设定人员安全判据研究［J］．中国安全科学学报，2017，27（2）：41-46.